DISEÑO Y CONSTRUCCIÓN DE UN ESPECTRÓMETRO ÓPTICO POR USB

DISEÑO Y CONSTRUCCIÓN DE UN ESPECTRÓMETRO ÓPTICO POR USB

YOHAN PÉREZ-MORET

Título de la obra original:
Diseño y construcción de un espectrómetro óptico por USB
Edición original en Español
Copyright © 2012, Yohan Pérez-Moret
Todos los derechos reservados.
ISBN: 978-1-105-47407-1

AGRADECIMIENTOS

Agradezco el tiempo de mis mentores Bradies Lambert y Miguel Arronte, por sus certeras orientaciones de investigación.

Reconocer mi deuda de gratitud con el Instituto de Ciencia y Tecnología de Materiales, por crear espacios donde fructifica la calidad humana. Mi modesto reconocimiento a las incansables doctoras Mayra Pérez y Esperanza Purón, flores de jovialidad y apoyo constante. Así como a la licenciada Rosa María Payá Acevedo por sus recomendaciones, nacidas de la práctica al utilizar el prototipo en el estudio del tejido dental. Agradecer al señor Adalio, conocedor del lugar de las herramientas del laboratorio. También al amigo y colega Lesther por su apoyo para utilizar el espectrómetro en la técnica LIBS. Al amigo Ing. Osmel por sus sugerencias con los diseños mecánicos. A mi amigo y antiguo profesor de química Oviedo de Armas, por su eterno apoyo.

Destacar a los investigadores del Centro de Investigaciones en Microelectrónica -CIME- por brindarlo todo en cada edición de la maestría en diseño electrónico; regalando a otras instituciones la posibilidad de generar soluciones de alto impacto. Mencionar también al Instituto Nacional de Investigaciones en Metrología -INIMET-, en particular a la Dr. Alejandra Hernández del laboratorio de dimensionales y al amigo y técnico en metrología Ángel Font por su ayuda con las caracterizaciones térmicas.

A mi preciada esposa Irma Leticia Glez. Antonio, por ser mi principal ejemplo, por su jovialidad y apoyo constante, a pesar de la distancia extendida a meses de espera en aras de culminar la investigación. A mis padres, hermanas, a mis sobrinos Dalexis, Roxi, Chaki y Thali; que con su humor alegran los días de trabajo.

Gracias a Dios.

DEDICATORIA

A mi esposa.

RESUMEN

Se muestra el desarrollo de un espectrómetro óptico para el estudio del plasma inducido por láser. El instrumento se diseñó utilizando los siguientes bloques: un banco óptico tipo Czerny-Turner con red de difracción plana; un detector óptico de arreglo lineal modelo ILX511 con 2048 celdas fotosensibles, un microcontrolador programable PIC18F4550 y un módulo de memoria de acceso aleatorio. El código del microcontrolador fue escrito en lenguaje C con el compilador CCS 4.018. Los datos espectrales adquiridos por el instrumento son enviados hacia una computadora personal, a través del bus serie universal USB. Para esto último se diseñaron instrumentos virtuales bajo la programación gráfica de LabVIEW 8. La calibración del instrumento se realizó con lámparas espectrales de mercurio y sodio. Finalmente, se midieron los espectros de emisión de muestras de cobre, magnesio y plomo. Tales mediciones fueron comparadas con las de un espectrómetro óptico comercial. En general, se demuestra la factibilidad de construcción de un espectrómetro óptico que abarca la región visible y su uso en el estudio del plasma inducido por láser.

ÍNDICE   Pág.

INTRODUCCIÓN 11

    Importancia de la instrumentación espectral 11

    Estado del arte de los espectrómetros en miniatura 12

    La técnica LIBS de análisis espectral 15

1. TEORÍA Y DISPOSITIVOS PARA MEDICIONES ESPECTRALES 19

    1.1. Introducción 19

    1.2. La red de difracción 19

        1.2.1. Ecuación característica 20

        1.2.2. Relación entre longitud de onda y orden de difracción 23

        1.2.3. Dispersión angular y dispersión lineal 23

        1.2.4. Poder separador 24

    1.3. El banco óptico 24

        1.3.1. Configuración Fastie-Ebert 24

        1.3.2. Configuración Czerny-Turner 25

        1.3.3. Óptica de entrada y parámetros característicos 26

        1.3.4. Banda pasante 27

    1.4. Detectores ópticos de arreglo acoplado por carga 28

        1.4.1. Arreglos CCD 28

        1.4.2. Criterios de selección 30

    1.5. El bus serie universal USB 30

        1.5.1. Topología 31

        1.5.2. Características físicas y eléctricas 32

        1.5.3. Protocolo 33

        1.5.4. Enumeración 34

    1.6. Instrumentación virtual 34

| | | 1.6.1. | Ambiente de desarrollo LabVIEW | 35 |

	1.7.	Empleo del microcontrolador PIC18F4550 en instrumentación espectral	36
		1.7.1. El bus USB del PIC18F4550	37
		1.7.2. Configuración del oscilador del PIC18F4550 para uso del USB	38
		1.7.3. Descriptores USB	41
		1.7.4. Manejo del bus USB desde LabVIEW	42
	1.8.	Necesidad de memoria en sistemas espectrales con detectores de arreglo	44

2. DESARROLLO DEL ESPECTRÓMETRO ÓPTICO 45

2.1. Introducción 45

2.2. Bloques físicos del espectrómetro óptico 45

    2.2.1. El Banco óptico 45

    2.2.2. Bloque detector 47

    2.2.3. Sección de memoria 52

    2.2.4. Sección USB 58

    2.2.5. Sección para control de dispositivos externos 58

    2.2.6. Sección de programación ICSP 59

    2.2.7. Construcción de la placa de circuito Impreso 60

2.3. Bloques de programa del espectrómetro óptico 60

    2.3.1. Programa del microcontrolador 60

    2.3.2. Programa de Interfaz 62

    2.3.3. Programa de aplicación 65

2.4. Calibración del espectrómetro óptico 67

    2.4.1. Coeficientes de calibración 67

    2.4.2. Resolución espectral o banda pasante del espectrómetro óptico ... 72

    2.4.3. Efecto del tiempo de exposición sobre la lectura espectral 73

    2.4.4. Efecto de la frecuencia de drenado sobre la lectura espectral 75

2.5. Experimentos LIBS 76

CONCLUSIONES Y RECOMENDACIONES 83
Conclusiones 83
Recomendaciones 83

BIBLIOGRAFÍA.. 85

ANEXOS 89
    A.   Esquema electrónico del espectrómetro óptico..89

    B.   Código principal para el microcontrolador PIC18F4550................................91

    C.   Diagramas de la interfaz en LabVIEW para el Espectrómetro 93

    D.   Aval del Centro de Conservación, Restauración y Museología........................95

INTRODUCCIÓN

Importancia de la instrumentación espectral

El desarrollo de la instrumentación para la espectroscopia óptica ha permitido introducir los métodos espectrales en áreas tan diversas como la arqueología [1], producción de productos químicos, industria de pigmentos [2], caracterización de dispositivos ópticos, estudio de microrganismos [3], investigación forense [4], control farmacéutico [5, 6], inspección de alimentos [7], análisis de contaminantes [8-10], el control de soldaduras y la electrodeposición [11], por solo citar algunos ejemplos.

El hecho de que las técnicas espectroscópicas tengan cada vez más aplicaciones en la industria y la investigación se debe fundamentalmente a su capacidad de:

- Monitorear procesos en tiempo real.
- Poco invasivo (se pueden monitorear organismos vivos).
- Requerir cantidades pequeñas de la muestra ($< 10^{-3}$g).
- Con poco o ningún tiempo dedicado a la preparación de muestras [12].

Por otra parte, la implementación de los métodos espectrales posee un elevado costo y los análisis cuantitativos son complejos de implementar, por la falta de modelos analíticos que describan la complejidad del fenómeno espectral.

El instrumento más asociado con las técnicas espectroscópicas es el espectrómetro óptico. Este aprovecha la dispersión de la luz para separar las longitudes de onda presentes en la radiación bajo estudio. En su forma básica, mostrada en la Fig. 1, este consta de una rendija de entrada de luz; una lente colimadora (L1); un elemento dispersivo (como el prisma o la red de difracción); una lente de salida (L2) que enfoca las componentes espectrales sobre un plano donde son registradas con un detector electrónico.

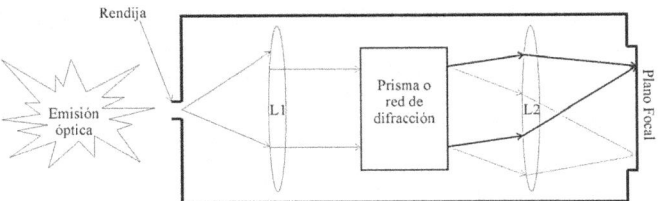

Fig. 1. Esquema básico de un espectrómetro óptico

El físico inglés Robert Hooke (1635-1703), célebre por su teoría de la elasticidad, utilizó un prisma de sección triangular para descomponer la luz y tratar de explicar el fenómeno del color. También se conocen los trabajos de Isaac Newton (1642-1727) de 1666, en que con un prisma obtenía el arcoíris de la luz solar. En una de sus memorias Newton registró: "Habiendo oscurecido mi habitación y hecho un pequeño orificio en una ventana, para que entrara la luz del sol, situé mi prisma para refractarla hacia la pared opuesta. En un inicio lo hacía por diversión, por ver los nítidos e intensos colores que así se formaban; pero después de un tiempo, me propuse considerar el fenómeno con toda profundidad..."[1] [13].

Fue a partir de 1860 que la instrumentación espectral comienza a desarrollarse como una herramienta de investigación científica. Ello `por el aporte de Gustav Robert Kirchhoff y Robert Wilhelm Bunsen. Estos investigadores, auxiliándose de un espectroscopio de prisma, descubrieron el cesio y el rubidio, primeros elementos descubiertos por el método espectral.

La importancia de los espectrómetros para la investigación se evidencia por sus aplicaciones. La más frecuente en la identificación de elementos químicos. Ya que el espectro de emisión de un elemento químico le diferencia inequívocamente del resto de los elementos. En astronomía [14], los espectrómetros permiten determinar la temperatura de una estrella o la velocidad relativa entre un cuerpo celeste y el observador, aplicando el efecto Doppler. La rotación del ecuador solar, cuyo periodo es de 25 días, se determina también con el uso de espectrómetros. Durante la rotación, un extremo del disco solar se acerca a nosotros, revelando un corrimiento espectral hacia el violeta mientras que el otro extremo hacia el rojo.

Estado del arte de los espectrómetros en miniatura

Actualmente, el nivel alcanzado en las técnicas de fabricación de circuitos integrados y la tecnología de guías de ondas, ha permitido desarrollar espectrómetros en miniatura, con un área de pocos milímetros cuadrados [15, 16]. También se crean estructuras que actúan como redes de difracción, más la electrónica asociada; todo bajo el mismo encapsulado. Este tipo de desarrollos tiene su mayor demanda y respaldo económico en el campo de las comunicaciones por fibra óptica.

---

[1] Traducido por el autor.

Varios investigadores [17] han desarrollado espectrómetros con partes mecánicas en miniatura, incluidas en el circuito integrado de control, que permiten variar la profundidad de los surcos de una red de difracción para ajustar la ganancia del sistema. Un ejemplo de tal microestructura se muestra en la Fig. 2.

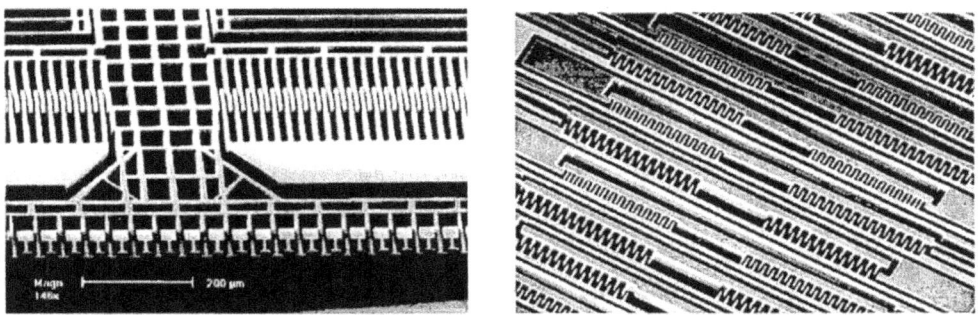

Fig. 2. Izquierda: Imagen SEM de red con profundidad de surcos variable. Derecha: Imagen SEM de una línea de aberturas conmutables. Tomado de [17]

En 1994 la empresa norteamericana Ocean Optics lanzó al mercado el primer espectrómetro comercial en miniatura, el modelo S1000-E. Este se insertaba en una ranura de una computadora personal (**PC**), utilizaba un detector de arreglo lineal, de celdas acopladas por carga y su resolución espectral podía alcanzar los 0.7 nm. Una importante ventaja de este fue la desaparición de partes móviles. Todo el rango espectral era capturado al mismo tiempo por el detector de arreglo lineal, cuyas celdas constituían el plano focal del espectrómetro. Desde entonces, los espectrómetros comerciales en miniatura han experimentado una mejora de resolución espectral, una miniaturización física y desaparición de partes móviles. La Fig. 3 muestra la evolución de los espectrómetros según su resolución, desde 1991 hasta el año 2005 [18]. La mejora en resolución está dictada por el desarrollo de los detectores, en particular por el tamaño mínimo de las celdas del arreglo; ya que en la práctica, la imagen de la rendija de entrada del banco óptico se debe proyectar sobre dicha celda.

Desde el 2005 hasta el presente año 2013, los espectrómetros comerciales en miniatura se han concentrado más en alcanzar otras zonas del espectro electromagnético, más que en aumentar su resolución espectral [op. cit.]. Los modernos detectores CCD ya son capaces de adquirir imágenes en el infrarrojo lejano, más allá de los 1100 nm, lo que antes requería de enfriamiento del detector para disminuir el ruido térmico. También, desde el 2005 hasta la fecha, los fabricantes se han concentrado en aumentar las prestaciones de sus instrumentos, como son las opciones de conectividad, bus CAN, Ethernet, entre otras.

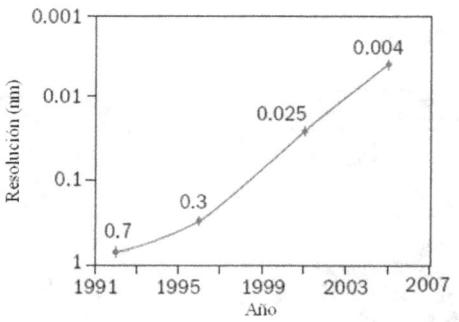

Fig. 3. Evolución de los espectrómetros en miniatura [18]

A modo de comparación, la Tabla- 1 presenta una serie de espectrómetros comerciales. La resolución de estos instrumentos varía de un fabricante a otro y los costos sobrepasan los 1500 USD. Ocean Optics oferta para el USB2000 un grupo de accesorios que permiten utilizar el espectrómetro en mediciones de tramitancia, colorimetría y emisión espectral. Para cada uno de esos esquemas de medición, se requiere cotizar un accesorio diferente y seguir el método de medición que impone el fabricante. En opinión de este autor, las posibilidades que estos ofertan son subutilizadas y a veces su adquisición se basa solamente en una de ellas.

Tabla- 1. Características de algunos espectrómetros comerciales de CCD lineal

Modelo	Fabricante	Rango (nm)	Resolución	Precio (USD)
USB2000+	Ocean Optics	200-1100	0.35 nm	2639
BLACK-Comet	StellarNet	280-900	1 nm	2750
AvaSpec-2048	Avantes	200-1100	20 nm	1560
VS140	HORIBA	190-2500	0.5 nm	2500

Por otra parte, desde 1960 la disponibilidad creciente de los generadores láser ha dado impulso a una amplia gama de técnicas espectroscópicas. Los primeros láseres se emplearon en espectroscopia Raman [19] con excelentes resultados en sensibilidad y resolución espectral [12, 20].

La técnica LIBS de análisis espectral

El láser de alta energía y las computadoras modernas, han permitido que los espectrómetros ganen otra aplicación en la caracterización de materiales. Tal es el caso de la "**Espectroscopia de plasma inducido por láser**". Dicha técnica se conoce por sus siglas en inglés "**LIBS**", acrónimo de Laser Induced Breakdown Spectroscopy.

El LIBS es una técnica espectral [21] que emplea un láser pulsado para crear plasma del material de una muestra. En el plasma la temperatura puede sobrepasar los 50000 K (~ 49727°C). Durante esta fase, el material es atomizado. En los primeros 0.5 µs a 1.0 µs de formado el plasma, sus especies neutras alcanzan el equilibrio termodinámico y los estados de mayor energía de los átomos son térmicamente ocupados. A medida que el plasma se enfría, el fondo de emisión continua, debido a la emisión de frenado de los electrones, desaparece rápidamente; haciéndose distinguibles las líneas de los átomos neutros o simplemente-ionizados. Es en esta fase del plasma, durante su enfriamiento, que es favorable realizar la lectura espectral.

La Fig. 4 muestra los componentes básicos de una instalación para implementar la técnica LIBS. Estos componentes son: un láser, un espectrómetro óptico y una PC. La emisión del plasma es adquirida con el espectrómetro óptico, que a través del bus serie universal (**USB**) u otro protocolo, envía la información espectral hacia la PC para el procesamiento de las mediciones.

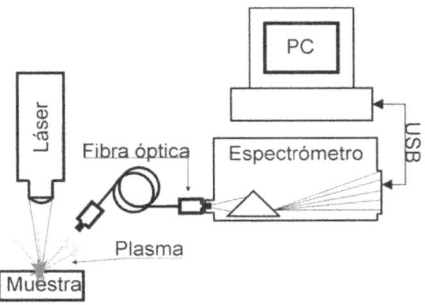

Fig. 4. Esquema de Instalación LIBS

El LIBS se utiliza sobre muestras líquidas, sólidas o gaseosas; con poca preparación y en pequeñas cantidades (< µg) de muestra. Permite obtener información en tiempo real y remotamente. Es una técnica portátil, gracias a la miniaturización del láser, de los espectrómetros y las computadoras. La principal desventaja del LIBS es su sensibilidad a las variaciones de la energía del pulso láser o del ambiente que rodea al plasma, lo que afecta su formación y crecimiento. Utilizando el esquema de la Fig. 5, el laboratorio de Tecnología Láser (**LTL**) del Instituto de Ciencia y Tecnología de Materiales (**IMRE**), implementa la técnica LIBS. Con equipos como el mostrada en la Fig. 5, que ya cuentan con un amplio aval [22] en la caracterización de materiales.

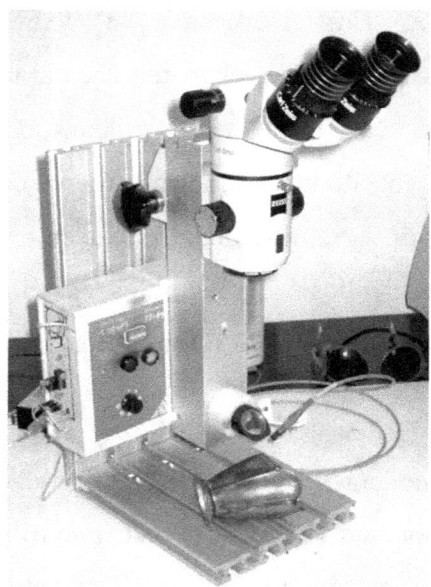

Fig. 5. Equipo LIBS desarrollado en el LTL, la jarra mostrada es una pieza museable (con permiso del CENCREM) sometida al análisis LIBS

Hasta el momento, para la instalación LIBS del LTL se emplea el espectrómetro óptico USB2000 del fabricante norteamericano Ocean Optics. Este último viene acompañado de un programa propietario, el cual permite realizar mediciones de absorbancia y reflectancia [23], aunque ninguno de esos esquemas de medición son empleados en el LTL para la técnica LIBS. En el LTL se desarrollan desde 1990 láseres de estado sólido para LIBS. Pero el diseño de un sistema de control que sea común al láser y al espectrómetro comercial, se imposibilita por el esquema de medición del fabricante de espectrómetros. El espectrómetro comercial es un producto con software y hardware propietarios, no permite su inclusión como parte de otro sistema o su control desde un programa desarrollado en el LTL.

Por lo planteado, nuestro **problema de investigación** es la carencia en Cuba de tecnología LIBS de caracterización de materiales, que sea portátil y que cuente con un sistema computacional propio. Para resolver nuestro problema de investigación fijamos como **objetivo general** el desarrollar un espectrómetro óptico para el rango visible; que no posea partes móviles y que sea capaz de adquirir la emisión de un plasma inducido por láser. Para alcanzarlo se establecen las siguientes **tareas de investigación**:

1. Revisión bibliográfica sobre espectrómetros y la técnica LIBS.
2. Estudio de los sistemas ópticos con redes de difracción.
3. Estudio e implementación de detectores acoplados por carga.
4. Estudio, simulación e implementación de la comunicación USB.
5. Implementar funciones de lectura y escritura de un módulo de memoria RAM (Siglas en inglés de Random Access Memory, para significar "memoria de acceso aleatorio") desde un microcontrolador PIC18F4550.
6. Desarrollar el código del microcontrolador del espectrómetro óptico.
7. Desarrollar la instrumentación virtual en LabVIEW para procesar, desde una PC, el espectro adquirido por el espectrómetro.
8. Realizar la calibración del espectrómetro en longitudes de onda.
9. Utilización del espectrómetro en la adquisición de la emisión espectral del plasma inducido por láser.

Una respuesta tentativa al problema planteado y que constituye nuestra **hipótesis de investigación,** es que un espectrómetro óptico para la técnica LIBS, sin partes móviles y en miniatura, puede desarrollarse en el LTL; utilizando un microcontrolador programable, un detector CCD, la comunicación USB y la instrumentación virtual. Para el logro del objetivo señalado se adoptó un **diseño metodológico** en base a los siguientes paradigmas metodológicos; se señalan las razones de su adopción:

Métodos empíricos como la **observación** y la **experimentación.** Partiendo de datos cualitativos sobre la respuesta de los componentes ópticos y electrónicos del sistema, diseñar experimentos que confirmen o nieguen los supuestos hechos sobre el sistema. Estos métodos poseen un alto peso en la fase inicial del trabajo, para realizar ajustes del sistema óptico y estudiar la correspondencia entre el comportamiento de los dispositivos electrónicos y el dado en sus hojas de características. También se incluyen **métodos estadísticos y teóricos** para realizar generalizaciones a partir de las mediciones espectrales realizadas y caracterizar así el instrumento. Los métodos teóricos permiten una conceptualización de los datos empíricos encontrados, profundizando en las cualidades esenciales de los fenómenos.

En el contexto del LTL las razones que **justifican esta investigación** radican en obtener nuevos conocimientos a partir de la aplicación del LIBS y la caracterización de materiales, por lo que el trabajo posee un valor metodológico. Otra razón se encuentra en los **beneficios esperados**, como la obtención de un espectrómetro óptico que posea como **ventaja** sobre sus competidores comerciales, la posibilidad de un programa de control modificable por el usuario para adaptarlo a su instalación o sistema de medición en particular. El espectrómetro óptico desarrollado permitirá también la apropiación de un conocimiento tecnológico que beneficiará a otros productos del LTL. Como son las instalaciones de limpieza láser y las lancetas laser[2], ambas desarrolladas en el LTL [24]. Para la limpieza láser se lograría su monitoreo en tiempo real. En el caso de la lanceta láser, se detectarían trazas de metales pesados en la sangre, lo cual posee un alto impacto social en el campo de la salud.

La tesis consta de introducción, dos capítulos y finalmente, conclusiones y recomendaciones:

- Introducción: se definen el problema de investigación, el desarrollo alcanzado por los espectrómetros y su importancia en la implementación de la técnica **LIBS** para la caracterización de materiales.
- Capítulo 1: "TEORÍA Y DISPOSITIVOS PARA MEDICIONES ESPECTRALES", que brinda elementos teóricos del principio de funcionamiento de los instrumentos dispersivos. Se detallan también los detectores acoplados por carga CCD, que son utilizados en este trabajo. Se esbozan los métodos para implementar la comunicación USB utilizando un microcontrolador programable.
- Capítulo 2: "DESARROLLO DEL ESPECTRÓMETRO ÓPTICO" describe y discute los pasos de investigación ejecutados. Se muestran las mediciones de los espectros LIBS de varias muestras (cobre, magnesio y plomo) y se comparan con las lecturas de un espectrómetro comercial de Ocean Optics, tipo USB2000.
- "CONCLUSIONES Y RECOMENDACIONES", expone las conclusiones de la investigación y una lista de recomendaciones para mejora de la solución planteada.

---

[2] Desarrolladas para la toma de muestras de sangre sin mediar contacto físico con el equipo láser, lo que elimina el riesgo de contaminación.

1. TEORÍA Y DISPOSITIVOS PARA MEDICIONES ESPECTRALES

1.1. Introducción

Las ondas electromagnéticas poseen la propiedad de interferir y difractarse. Es dicha propiedad el fundamento de las mediciones espectrales. Un sistema en particular, basado en la difracción de la luz y al cual daremos atención en este capítulo, lo constituye el banco óptico con red de difracción. Con la miniaturización de los espectrómetros ópticos y la eliminación de partes móviles, los detectores ópticos más utilizados constituyen los dispositivos acopladas por carga (CCD). La complejidad electrónica de los CCD demanda el uso de dispositivos de control flexibles de implementar, como por ejemplo, los microcontroladores programables. También, la cantidad de celdas fotosensibles presentes en un CCD supera fácilmente el número de 2000, lo que muchas veces obliga a utilizar memoria RAM para almacenar la lectura del CCD.

Por todo lo anterior, en este capítulo se estudiarán los fundamentos básicos de la red de difracción y su uso práctico en mediciones espectrales. También se revisarán los detectores ópticos multicanales; el uso de microcontroladores programables, módulos de memoria RAM, la instrumentación virtual y el bus USB. Este último por la posibilidad que brinda en el envío de grandes volúmenes de datos.

1.2. La red de difracción

El dispositivo más importante para las mediciones espectrales lo constituye la red de difracción. Se emplea como elemento dispersor, para realizar la separación espectral. Otro elemento dispersor frecuentemente empleado es el prisma.

Las redes de difracción generalmente se construyen depositando una capa de aluminio sobre algún sustrato sólido, como vidrio o resinas sintéticas, que posea rigidez y un pequeño coeficiente de dilatación térmica. Luego, utilizando herramientas de alta precisión, la capa de aluminio es maquinada para grabarle un conjunto de líneas paralelas. En la Figura 1.1 se muestra el perfil de una red de difracción cuya separación entre líneas contiguas o "periodo de la red" es de 3 µm.

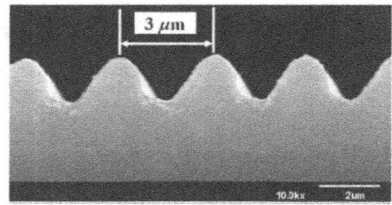

Figura 1.1. Imagen SEM del perfil de una red de difracción (Tomado de [25])

También se construyen redes holográficas, las cuales son fabricadas sobre fotoresinas, utilizando técnicas propias de la holografía [25, 26].

1.2.1. Ecuación característica

Cuando "N" ondas monocromáticas de amplitudes complejas $U_1, U_2, \ldots, U_N$ e igual frecuencia son sumadas, el resultado es también una onda monocromática con amplitud compleja

$$U = U_1 + U_2 + \cdots + U_N$$

Para determinar la intensidad resultante $I = |U|^2$, no es suficiente conocer las intensidades individuales $I_1, I_2, \ldots, I_N$, sino que también deben conocerse las fases relativas de cada onda hasta el punto de observación.

Analicemos una red ideal, formada por rendijas paralelas e igualmente espaciadas, practicadas sobre una pantalla opaca. Sea "a" el ancho de las rendijas y "b" el de la zona opaca que las separa. Denotemos por "d" a la suma "a + b", la cual se denomina periodo de la red. La red se ilumina por su cara izquierda con una onda monocromática plana, en el sentido y dirección del eje X, ver Figura 1.2. La onda monocromática, después de atravesar la red, es dividida en N frentes de ondas, desviadas respecto a la normal de la red en un ángulo θ, denominado ángulo de difracción. Con ayuda de una lente convergente se enfocan los haces difractados sobre una pantalla. De esa forma se puede observar el patrón de difracción. En la Figura 1.2 no se muestran la lente ni la pantalla, lo cual no quita generalidad en el análisis.

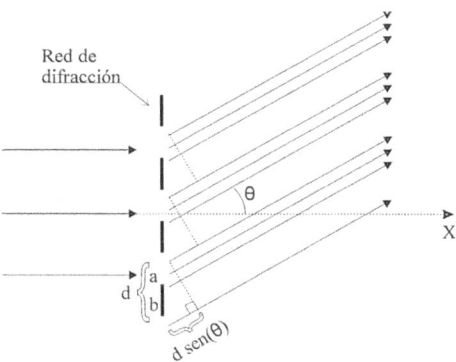

Figura 1.2. Red de difracción iluminada con una onda monocromática plana

La diferencia de recorrido óptico, entre ondas que parten de rendijas vecinas, es $d \sin \theta$ y al llegar al punto de observación sobre una pantalla, tendrán una diferencia de fase dada por:

$$\delta = kd \sin \theta = \frac{2\pi}{\lambda} d \sin \theta \qquad (Ec.\ 1)$$

Siendo k el número de onda y λ la longitud de onda de la radiación monocromática incidente sobre las rendijas. Designemos por U_1 la amplitud de la onda en el punto de observación debida a la primera rendija. Las intensidades sobre el mismo punto, por la emisión de las otras rendijas, se pueden escribir como fasores de la primera:

$$U_2 = U_1 e^{-i\delta},\ U_3 = U_1 e^{-i2\delta}\ \ldots,\ U_N = U_1 e^{-i(N-1)\delta}$$

Donde "N" es el número de rendijas iluminadas. Aplicando el principio de superposición, la amplitud resultante por las N rendijas será:

$$U = U_1 \left[1 + e^{i\delta} + e^{i2\delta} + \cdots + e^{i(N-1)\delta} \right] = U_1 \frac{1 - e^{iN\delta}}{1 - e^{i\delta}}$$

Esta última se puede rescribir como:

$$U = U_N \frac{e^{-\frac{iN\delta}{2}} - e^{\frac{iN\delta}{2}}}{e^{-\frac{i\delta}{2}} - e^{\frac{i\delta}{2}}}$$

La intensidad correspondiente es:

$$I = |U|^2 = U_N{}^2 \left| \frac{e^{-\frac{iN\delta}{2}} - e^{\frac{iN\delta}{2}}}{e^{-\frac{i\delta}{2}} - e^{\frac{i\delta}{2}}} \right|^2$$

Sustituyendo la fórmula de Euler por su identidad trigonométrica y haciendo $I_N = U_N{}^2$:

$$I = I_N \frac{\text{sen}^2(N\delta/2)}{\text{sen}^2(\delta/2)} \quad \textit{(Ec. 2)}$$

La expresión obtenida (Ec. 2) muestra que la intensidad resultante en el punto de observación, depende de la diferencia de fase δ y del número N de rendijas iluminadas. De las expresiones (Ec. 1) y (Ec. 2) se deduce la condición para que exista un máximo de intensidad en el patrón de difracción, como veremos a continuación. En la dirección angular dada por θ = 0, la diferencia de fase δ será nula. En este caso (Ec. 2) se hace indefinida (0/0). Para eliminar la indeterminación del tipo 0/0 se halla el límite cuando δ tiende a cero. Con ello:

$$I = I_N N^2 \quad \textit{(Ec. 3)}$$

O sea, en la dirección θ = 0 se encuentra un máximo de intensidad cuyo valor es N^2 veces mayor que la que produciría una sola rendija. Ello no es una violación de la ley de conservación de la energía, sino que las ondas de cada rendija se encuentran en fase sobre los puntos de máximo, siendo la interferencia de tipo constructiva. Pero el mismo resultado se encuentra periódicamente cada vez que

$$\frac{\delta}{2} = m\pi \quad \textit{(Ec. 4)}$$

Donde m es un entero (m = 0, ±1, ±2, …) denominado **orden de difracción**. Sustituyendo (Ec. 1) en (Ec. 4) se encuentra que:

$$d \sin \theta = m\lambda \quad \textit{(Ec. 5)}$$

La expresión (Ec. 5) es la **ecuación característica de la red de difracción**. Esta representa la condición necesaria para encontrar un máximo de intensidad en la dirección angular θ. En la (Ec. 6) "d" y λ deben expresarse en las mismas unidades.

1.2.2. Relación entre longitud de onda y orden de difracción

De la ecuación (Ec. 5) de la red de difracción, para un ángulo de dispersión θ fijo, se cumplirá que:

$$m\lambda = z \qquad (Ec.\ 7)$$

Donde "z" es una constante. Ello implica que sobre la misma zona de un detector, incidirá no solo la longitud de onda de interés, sino que también lo harán las de órdenes "m" que cumplan con (Ec. 7). La situación anterior es indeseable, colleva al solapamiento óptico entre órdenes de difracción, puede dar lugar a la aparición de líneas espectrales fantasmas. Para evitarlo, se pueden emplear filtros ópticos, que rechacen longitudes de onda fuera del rango espectral bajo estudio. Para el rango de longitudes de ondas entre 200 nm y 380 nm, el aire actúa como filtro, absorbiendo longitudes de ondas por debajo de los 200 nm; que no aparecerán luego en órdenes superiores.

1.2.3. Dispersión angular y dispersión lineal

Los parámetros más importantes que caracterizan a una red de difracción, además del periodo, son su dispersión angular y su dispersión lineal. Diferenciando (Ec. 5) respecto a θ, se obtiene la **dispersión angular**, dada por la (Ec. 8):

$$\frac{d\theta}{d\lambda} = 10^{-6} \frac{m}{d \cos \theta} \qquad (Ec.\ 8)$$

El factor de conversión 10^{-6} es para trabajar λ en nanómetros y el periodo de la red d en milímetros. La dispersión angular tiene unidades de rad/nm y expresa la separación angular entre dos longitudes de ondas. En la práctica la desviación máxima de θ es menor de 15°; por lo que se puede considerar que la dispersión angular cambia linealmente con λ. Para el diseño existe otro parámetro de interés, la **dispersión lineal**. Esta resulta de multiplicar la dispersión angular por la distancia focal f del espectrómetro, lo que resulta en:

$$\frac{dl}{d\lambda} = f \frac{d\theta}{d\lambda} = 10^{-6} f \frac{m}{d \cos \theta} \qquad (Ec.\ 9)$$

La dispersión lineal se da en unidades de mm/nm y permite hallar la longitud que ocupará el espectro sobre el plano focal. Con ese dato se puede prever el ancho que deben cubrir los elementos fotosensibles de un detector CCD. Otro parámetro de diseño es el recíproco de la (Ec. 9), denominado **dispersión lineal recíproca** y se da en nm/mm. Este es útil en los cálculos de resolución digital, lograda por las celdas fotosensibles del detector CCD, las cuales poseen un ancho determinado sobre el que integran cierta cantidad de longitudes de onda.

1.2.4. Poder separador

El poder separador R de una red de difracción es un parámetro adimensional definido por:

$$R = \frac{\lambda}{\Delta\lambda} \quad (Ec.\ 10)$$

Donde $\Delta\lambda$ es la diferencia en longitud de onda, entre dos líneas espectrales factibles de separar y λ es la longitud de onda de la línea espectral a resolver. El poder separador es la habilidad de la red para resolver dos líneas adyacentes. Dos líneas se consideran resueltas, si su separación es tal, que el máximo de intensidad de una de ellas coincide con el primer mínimo de la otra. Este es el llamado criterio de Rayleigh.

1.3. El banco óptico

El banco óptico es un sistema de formación de imágenes. En este caso se forma la imagen de una abertura de entrada sobre el plano del detector. En este último no se formará una única imagen de la rendija de entrada, sino que habrá una imagen por cada componente espectral de la radiación de entrada. Los bancos ópticos se clasifican según la configuración y tipo de los elementos ópticos que lo conforman. A continuación estudiaremos los dos tipos más importantes para el diseño de espectrómetros en miniatura.

1.3.1. Configuración Fastie-Ebert

Un banco óptico Fastie-Ebert consiste en una red de difracción plana y un espejo esférico distribuidos de forma similar a la mostrada en la Figura 1.3. La imagen de la rendija de entrada del banco óptico es colimada sobre la red, utilizando una zona del espejo. Luego, la luz difractada por la red es condensada sobre el plano focal del banco óptico, utilizando otra zona del mismo espejo.

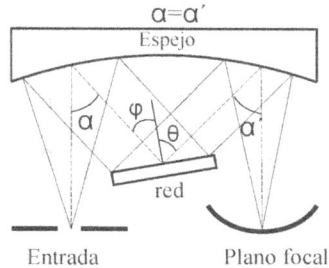

Figura 1.3. Banco óptico Fastie-Ebert

Este diseño de banco óptico es simple, pero presenta algunas limitaciones como son la aberración esférica y la superficie focal es curva, impidiendo un correcto enfoque sobre el plano fotosensible de un detector óptico. Los ángulo θ y φ en la Figura 1.3, son el ángulo de difracción y de incidencia, respectivamente. Estos son medidos con relación a la normal de la red de difracción.

1.3.2. Configuración Czerny-Turner

Un banco óptico Czerny-Turner consiste en una red de difracción plana y dos espejos esféricos distribuidos de forma similar a la mostrada en la Figura 1.4. La configuración Czerny-Turner es común para espectrómetros en miniatura; debido a que los espejos pueden tener diferentes distancias focales; permitiendo acomodar los elementos ópticos en un espacio reducido.

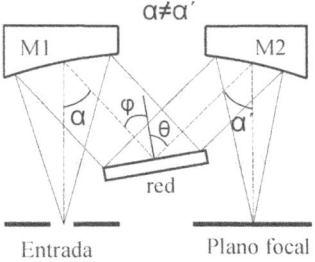

Figura 1.4. Banco óptico Czerny-Turner

El espejo esférico M1 colima los haces de la rendija de entrada sobre la red de difracción. Esta última los separa en longitudes de onda. El espejo M2 condensa o enfocando el espectro sobre el plano focal, en la salida del banco. En esta configuración, el patrón de difracción se forma sobre una superficie plana, permitiendo mejor lectura con un detector cuya área sensible es también plana.

1.3.3. Óptica de entrada y parámetros característicos

En los epígrafes anteriores se revisaron las configuraciones de banco óptico Fastie-Ebert y Czerny-Turner, Figura 1.3 y Figura 1.4 respectivamente. En cualquiera de ellas, será necesario algún tipo de montaje óptico para acomodar la radiación de la fuente bajo estudio a la rendija de entrada del banco óptico. Ello se logra con un montaje de **óptica de entrada**, que permite capturar la mayor cantidad de fotones de la fuente hacia la rendija de entrada.

La Figura 1.5 representa un esquema "desenrollado" de un banco óptico. Este tipo de representación es útil para el diseño. En la figura señalada también se muestra la óptica de entrada por la lente "**L**", la apertura de parada **AS**. Los restantes elementos conforman el banco óptico en sí: la rendija de entrada, los espejos **M1** y **M2**, la red de difracción **G** y la rendija de salida. Esta última pudiera ser una de las celdas fotosensibles de un detector multicanal o de arreglo, como los que serán estudiados en el epígrafe 1.4 de este capítulo.

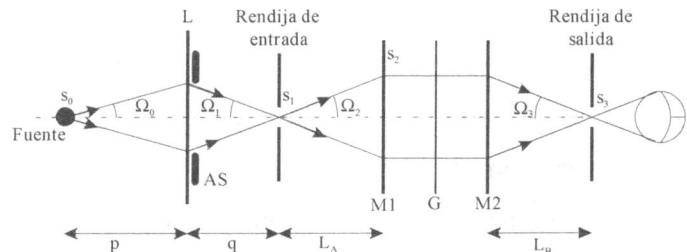

Figura 1.5. Esquema de banco óptico con óptica de entrada

El convenio de los símbolos mostrados en la Figura 1.5 es el siguiente: **p**, distancia objeto de la lente L; **q**, distancia imagen de la lente L; S_0, S_1, S_2 y S_3 son el área de la fuente, de la rendija de entrada, del espejo **M1** y de la rendija de salida, respectivamente; Ω_0, Ω_1, Ω_2, Ω_3 son los semiángulos correspondientes a la luz colectada y transmitida por **L**, a la luz colectada por M1 y la transmitida por **M2**, respectivamente.

La apertura de parada **AS** presente en la Figura 1.5, determina el máximo cono de luz, -con vértice en la fuente y altura axial al sistema de lentes-, que puede pasar al instrumento. De ello se intuye, que dicha apertura limitará la cantidad de luz a colectar. Para caracterizar dicha cualidad se define un importante parámetro de los sistemas ópticos, conocido como **apertura numérica** [27] y que comúnmente se denota por **NA**:

$$NA = \mu \sin \Omega_0 \quad (Ec.\ 11)$$

Donde μ representa el índice de refracción del medio y Ω_0 es el semiángulo correspondiente a la luz colectada por la lente **L**, ver Figura 1.5. Los sistemas ópticos como los objetivos de las cámaras fotográficas[3] o de microscopios son caracterizados por su **NA**, así como por su número f. Este último se define como:

$$f = \frac{1}{2\,NA} \quad (Ec.\ 12)$$

Tanto la apertura numérica **NA** como el número f, son parámetros que caracterizan la capacidad del sistema en cuestión para capturar la luz. Su conocimiento permite optimizar el acople de un instrumento óptico con la fuente de luz bajo estudio, así como el acople entre las diferente partes ópticas del propio instrumento.

1.3.4. Banda pasante

La banda pasante o resolución espectral, es una figura de mérito del espectrómetro óptico; permite evaluar cuánta distorsión introducirá el instrumento en la medición. Si el espectrómetro óptico fuera ideal, su función de transferencia o banda pasante dependería solamente del poder separador de la red de difracción, definido en el epígrafe 1.2.4. En la práctica, la banda pasante del espectrómetro óptico dependerá de sus rendijas de entrada y salida, del tamaño y poder separador de la red de difracción, de las aberraciones del sistema y de la resolución espacial del detector, entre otros factores.

Por ejemplo, supongamos una fuente de luz monocromática con longitud de onda λ_0; que es analizada por un espectrómetro ideal. A la salida de este último encontraremos una réplica del espectro de entrada. Por supuesto, el espectrómetro ideal no existe y la línea será registrada como una banda espectral con cierto perfil, determinado por la banda pasante del espectrómetro, tal y como se ilustra en la Figura 1.6.

---

[3] Para objetivos fotográficos es común encontrar una escala de números f, correspondientes a cada apertura posible de su diafragma variable; mientras que para objetivos de microscopía se reporta su apertura numérica *NA*.

Figura 1.6. Efecto de la banda pasante

La banda pasante de un espectrómetro óptico puede determinarse utilizando una fuente óptica aceptablemente monocromática. La banda pasante del espectrómetro se define entonces, como el ancho máximo a la mitad del máximo de la traza obtenida. Este criterio de definir la banda pasante, se conoce por sus siglas en inglés de FWHM (Full Width at Half Maximum).

La banda pasante también se conoce como el perfil instrumental. En [27] se muestra la influencia de las rendijas sobre el perfil instrumental. En este trabajo se optó por la vía experimental para medir el perfil instrumental, según el criterio FWHM, tal y como será mostrado en el epígrafe 2.4.2 de la página 72.

1.4. Detectores ópticos de arreglo acoplado por carga

Comercialmente existen básicamente tres tipos de detectores ópticos de arreglo: los dispositivos acoplados por carga (conocidos por **CCD,** siglas en inglés), los arreglos de fotodiodos (conocidos por **PDA,** siglas en inglés) y los arreglos de capacitores (conocidos por **CMOS,** también por sus siglas en inglés). En este epígrafe prestaremos atención a los detectores de arreglo acoplado por carga o CCD, que por sus características son útiles al diseño de espectrómetros ópticos en miniatura y sin partes móviles.

1.4.1. Arreglos CCD

La importancia que han tenido los detectores CCD para la investigación científica, se refleja en el hecho de que en el 2009 se otorgó el **premio Nobel de física** a los investigadores norteamericanos Willard Boyle y George Smith por la invención del CCD. Aunque algunos opinan que el verdadero creador del CCD fue el científico Mike Tompsett, quien posee una patente [28] en Estados Unidos de número 4085456 para su "Dispositivo de imagen de transferencia de carga".

En los CCD, el arreglo de detectores se crea implantando electrodos en una capa semiconductora. Dichos electrodos crean pozos de potencial dentro del material semiconductor, para confinar eléctricamente las cargas que se generen por la acción de la luz. O sea, que el espacio de cada celda está enmarcado por el campo eléctrico que generan los electrodos de confinamiento. Es la disposición de los electrodos, su cantidad y espaciado regular, lo que define la cantidad y tamaño de las celdas fotosensibles o píxeles[4] de un CCD. Sus principales características son una alta eficiencia quántica (los CCD tienen aplicación como contadores de fotones), excelente linealidad y un amplio rango dinámico.

El principio de funcionamiento de un CCD se puede describir en cuatro etapas [29]. **Primero**, un fotón debe ser fotoabsorbido en la capa sensible del CCD (llamada capa de reducción). A longitudes de onda dentro del rango visible y NIR, producto de la fotoabsorción, se crean fotoelectrones que pasan a la banda de conducción, dejando un hueco en la banda de valencia.

Segundo, los fotoelectrones en la capa de reducción deben ser confinados a través de un campo eléctrico, en regiones localizadas en la superficie del material fotosensible. El campo eléctrico se conforma por electrodos metálicos con un potencial aplicado, evitando que las cargas salgan de la región de confinamiento.

Tercero, una vez finalizada la exposición del dispositivo a la luz, se hace necesario leer el patrón de cargas fotoinducido en el CCD. La lectura se realiza de forma tal que el contenido eléctrico de cada celda no se mezcla con el de otra. El movimiento de cargas es posible modulando la intensidad del campo eléctrico que las confina. Las cargas son repelidas eléctricamente de una celda a la contigua, sucesivamente hasta la salida del CCD. Este proceso se denomina "drenaje" del CCD.

En la **cuarta** y última etapa, las cargas eléctricas en la celda desplazada hacia la salida del arreglo, son convertidas en una diferencia de potencial a través de una etapa preamplificadora.

---

[4] La palabra *píxel* es un anglicismo de "pixel"; a su vez, este último es acrónimo de "picture element" o elemento de imagen.

1.4.2. Criterios de selección

Por lo general, la elección de un detector óptico CCD se basa en su respuesta espectral y temporal. Para mediciones espectrales, se deben sopesar otros aspectos, como por ejemplo el tiempo de integración y la frecuencia máxima a la que pueden ser leídas las celdas del arreglo. Para aplicaciones que requieran altos tiempos de integración, como en el campo de la astronomía, será necesario el uso de detectores con enfriamiento, para disminuir las cargas generadas en el detector por efecto térmico. El tamaño físico de las celdas de un detector de arreglo y la separación entre celdas, son aspectos de consideración para el diseño de un banco óptico, pues se deberá elegir un detector sobre cuyas celdas se pueda proyectar óptimamente la imagen de la rendija de entrada del banco óptico. Desde el punto de vista del diseño electrónico, es aconsejable también el uso de detectores de arreglo que brinden facilidades de control, como por ejemplo, el uso de una sola fuente de alimentación y de una sola señal de reloj. El total de celdas de un detector de arreglo se debe sopesar, este determinará la necesidad de incluir RAM en el diseño.

1.5. El bus serie universal USB

En este epígrafe se estudiarán aspectos genéricos del bus serie universal o USB (acrónimo en inglés de Universal Serial Bus); mientras que en el apartado 1.7.1 de la página 37, se discutirán detalles prácticos de su implementación, utilizando un microcontrolador PIC18F4550 del fabricante Microchip.

Los puertos de comunicación de una computadora personal, que con mayor frecuencia son utilizados en la instrumentación electrónica, son el puerto serial RS-232 y el puerto paralelo. Pero estos han sido desplazados por, entre otros, el bus USB.

Para la instrumentación, el bus USB ofrece características atractivas, como son su ancho de banda, su protocolo en base a mensajes, su robustez eléctrica, entre otras bien definida en las normativas del bus [30, 31]. La referencia [32], también contiene proyectos para microcontroladores PIC, escritos en lenguaje C, siendo uno de los pocos libros que describen el uso del bus USB desde un puno de vista práctico.

1.5.1. Topología

El bus USB garantiza la interconexión entre un anfitrión y los dispositivos USB; dicha interconexión se realiza a través de una **topología jerárquica**, donde cada nivel o jerarquía puede a su vez presentar una **topología en estrella**, tal y como se muestra en la *Figura 1.7*.

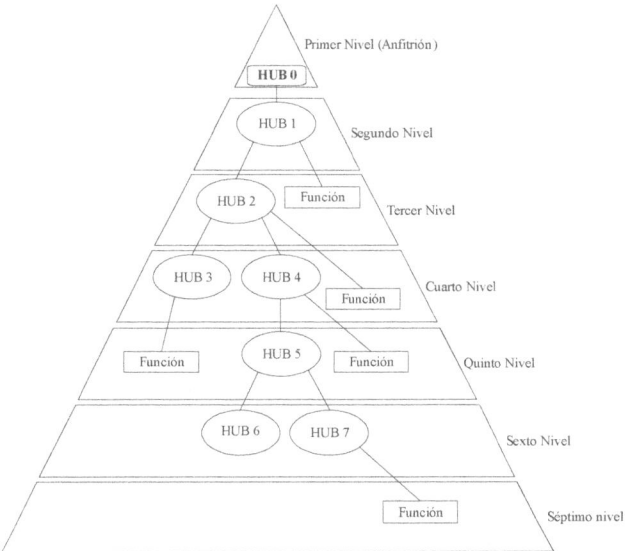

Figura 1.7. Ejemplo de topología del bus USB

Cada nodo (Hub) actúa como centro de estrella, ver *Figura 1.7*, mientras que cada segmento entre nodo y función o entre nodos, constituye una conexión punto a punto. Debido a limitaciones impuestas en los tiempos de propagación de las señales a lo largo de la topología USB, el máximo número de niveles permisibles es de siete [31].

Todos los dispositivos USB se pueden clasificar como pertenecientes a uno de los dos siguientes grupos:

- **Hub**, estos proveen puntos de inserción al bus USB
- **Función**, dispositivos que brindan capacidad al sistema para interactuar con el medio, con humanos o con otros dispositivos electrónicos, como por ejemplo, un Joystick, un MODEM o una cámara digital.

Independientemente del grupo al que pertenezcan, todos los dispositivos USB tienen en común lo siguiente:

- Deben reconocer el protocolo USB

- Todo dispositivo USB debe responder a los comandos estándares de "configuración" y "reinicio" dados por parte del anfitrión.
- Todo dispositivo USB debe describir sus características al anfitrión, utilizando las normativas de los "descriptores USB".

1.5.2. Características físicas y eléctricas

Desde un punto de vista eléctrico, el bus USB transfiere señales y alimentación eléctrica sobre un mismo cable de cuatro conductores. Un par trenzado para datos (D+ y D-) y otro par (GND y V_{BUS}) dedicado al suministro de energía de los dispositivos USB. Un esquema de la estructura del cable USB se muestra en la *Figura 1.8*.

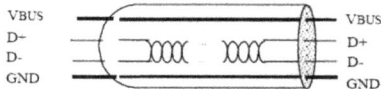

Figura 1.8. Estructura del cable USB (tomado de [31])

Los dispositivos USB pueden ser auto-alimentados o bus-alimentados. Los auto-alimentados obtienen energía de una fuente externa al bus, mientras que los bus-alimentados drenan energía del propio bus. Cada dispositivo tiene asegurado una unidad de carga, equivalente a 100 mA; pudiendo demandar hasta 500 mA. Demandas por encima de una unidad de carga, se deben solicitar al anfitrión durante la enumeración.

Sobre el bus están definidas tres velocidades de transmisión:

- Modo USB de alta velocidad: 480 Mb/s (High speed)
- Modo USB de media velocidad: 12 Mb/s (Full speed)
- Modo USB de baja velocidad: 1.5 Mb/s (Low speed)

El bus USB fue diseñado para soportar dispositivos con distintos modos de velocidad, manteniendo la transmisión entre el anfitrión y los nodos en modo de alta velocidad. Las líneas D+ y D- transmiten los datos de forma diferencial, codificados junto a una señal de sincronismo o reloj. El esquema empleado para la codificación es el de "No retorno a cero, invertido". Dicho esquema de codificación es conocido por sus siglas en inglés de NRZI (Non-return to zero inverted). En esta técnica, el nivel de la señal codificada se invierte, frente a cada cambio hacia el cero lógico en la cadena de datos. Adicionalmente, un bit cero es insertado en la cadena codificada cada seis "unos" consecutivos en los datos, para obtener una señal "dinámica". La siguiente figura muestra la codificación de la cadena "Data", utilizando la técnica de NRZI.

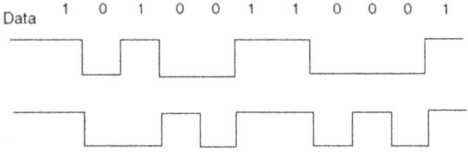

Figura 1.9.Codificación NRZI

1.5.3. Protocolo

El bus USB funciona bajo el método de encuesta. El anfitrión es quien inicia todas las transacciones de datos. El hecho de ser un bus por encuesta, pudiera parecer una limitante para las aplicaciones de instrumentación electrónica, en donde es deseable emplear el mecanismo de interrupción. Pero esta situación queda salvada, en el sentido de que un dispositivo USB puede informar al anfitrión de la frecuencia deseada para su encuesta, como se verá más adelante al resumir los tipos de transferencias USB.

Las transacciones USB involucran la transmisión de hasta tres paquetes. Cada transacción inicia cuando el anfitrión envía un paquete, en cuyo contenido se establece el tipo de transferencia, el permiso para enviar datos hacia el anfitrión y la dirección del dispositivo USB que se está encuestando. Dicho paquete se denomina de identificación o testigo, en inglés token packet. A todos los dispositivos conectados al bus llega el paquete de identificación y todos decodifican la dirección contenida en este. El dispositivo USB, cuya dirección -asignada por el anfitrión durante el proceso de enumeración- coincida con la contenida en el paquete, responderá con un paquete de datos (cuyo tamaño también se negoció durante la enumeración) o indicará que no tiene datos para enviar.

Hay cuatro tipos de transferencias especificadas por la norma USB:

- **Isocrónica:** provee un método para transferir grandes cantidades de datos (hasta 1023 bytes) con temporización de envío asegurada, de ahí el término de isocrónica (de igual tiempo). La integridad de los datos no se asegura. Este método es útil en aplicaciones de transmisión continua, donde la pérdida de pequeñas cantidades de datos no es crítica, tal es el caso de la transmisión de audio.
- **Bulk:** Este método permite el envío de grandes cantidades de datos asegurando su integridad; pero no se garantiza la temporización entre envíos.

- **Interrupción:** Este método asegura la temporización y la integridad de los datos para pequeños bloques de datos. Un bloque de datos puede ser un arreglo de 64 bytes.
- **Control:** Este tipo de transferencia es para configuración y control del dispositivo conectado al bus USB.

Desde el punto de vista de la instrumentación, los tipos de transferencias más importantes son la isocrónica y por interrupción. Esta última también es isocrónica, pero garantiza la integridad de los datos.

1.5.4. Enumeración

Cuando un dispositivo es conectado al bus USB, el anfitrión interroga al dispositivo, obteniendo la información de sus características, tales como el consumo de energía, velocidad de transmisión y memoria a reservar. Un proceso típico de enumeración puede ser como sigue:

1. **Reinicio USB**: Reinicio del dispositivo. Por tanto, el dispositivo no está configurado y no posee una dirección (dirección 0).
2. **Obtener el descriptor del dispositivo**: El host pide una pequeña parte del descriptor del dispositivo.
3. **Reinicio USB**: Reinicio del dispositivo.
4. **Asignar dirección**: El host asigna una dirección al dispositivo.
5. **Obtener el descriptor del dispositivo**: El host obtiene el descriptor del dispositivo, con información del fabricante, tipo de dispositivo, tamaño del paquete de control, etc…
6. **Obtener la configuración de los descriptores.**
7. **Obtener cualquier otro descriptor.**
8. **Realizar una configuración.**

1.6. Instrumentación virtual

La instrumentación virtual consiste en desarrollar instrumentos con un enfoque de sistema, donde el lugar principal lo ocupa una PC de propósito general [33]. Esta última ejecuta un programa que le brinda la funcionalidad de un instrumento tradicional (osciloscopio, voltímetro, etc.), pero con la flexibilidad que brindan los programas informáticos.

Un instrumento virtual se compone de tres partes fundamentales, estas son una PC, un soporte físico y un programa especializado. La PC posee puertos y buses de comunicación, que son utilizados por el instrumento virtual, para conectar el soporte físico que interacciona con el exterior y al mismo tiempo efectúa las instrucciones del programa especializado. Este último se encarga de interactuar con el usuario y de enviar mensajes de encuesta o control al soporte físico. El programa especializado se puede dividir en:

- programa de interfaz o driver
- programa de ambiente de desarrollo de aplicaciones
- programa listo para ejecutar

El programa de interfaz o driver generalmente se diseña a bajo nivel y contiene las funciones básicas a las que responde el soporte físico. Este, normalmente es ofertado por el propio fabricante del soporte físico. Ello libera al usuario del soporte físico y de tener que dominar las instrucciones de bajo nivel para utilizando las funciones del driver.

La instrumentación virtual brinda una ventaja importante sobre la instrumentación tradicional, como es la flexibilidad, ya que un instrumento virtual posee un carácter inherente al de un programa. Reduciendo los riesgos de diseño, ya que una parte del código puede ser rescrito o remplazado en cualquier etapa del proyecto. Un logro importante de la instrumentación virtual es que esta ha permitido cambiar de instrumentos definidos por el fabricante a instrumentos definidos por el usuario.

1.6.1. Ambiente de desarrollo LabVIEW

El nombre LabVIEW es un acrónico de las palabras en inglés de Laboratory Virtual Instrument Engineering Workbench y constituye un ambiente para desarrollar programas de instrumentación virtual [34]. Este surgió en la década de 1980 de mano de varios ingenieros fundadores de NI. LabVIEW se basa en un lenguaje gráfico, llamado lenguaje "G" y los programas diseñados en él son llamados "Instrumentos Virtuales", conocidos por sus siglas en inglés de VI (Virtual Instrument). Se denominan instrumentos virtuales porque su aspecto reseña al de un instrumento real. En este trabajo se creó, bajo LabVIEW, un driver para el instrumento desarrollado, tal como se verá en el epígrafe 2.3.2, pág. 62.

1.7. Empleo del microcontrolador PIC18F4550 en instrumentación espectral

En la siguiente lista se enumeran algunas características del microcontrolador PIC18F4550:

1. Un módulo de comunicación USB con soporte para transmisión de datos a full speed, (12 Mbps), o a low speed, (1.5 Mbps).
2. Un módulo de conversión análogo-digital con resolución máxima de 10 bits.
3. Posee 35 líneas programables como entradas o salidas digitales (E/S) y hasta 13 de ellas, configurables como entradas analógicas.
4. Una memoria de programa con capacidad de 32 K y de tecnología FLASH (admite 100000 ciclos de lectura/escritura).
5. Una memoria no volátil EEPROM de 256 bytes.
6. Una memoria volátil de tipo SRAM de 2048 bytes.

El módulo USB hace atractivo al PIC18F4550 en instrumentación. Sus 35 líneas de E/S le permiten asumir el control de una memoria RAM externa, (ver epígrafe 1.4, página 28). Como limitante, la baja velocidad de conversión analógica-digital (tiempo mínimo de conversión por bit de 0.7 µs, ver epígrafe 2.2.2, página 47). En la Figura 1.10 se muestran las líneas de E/S del microcontrolador PIC18F4550 de encapsulado tipo 40-PDIP.

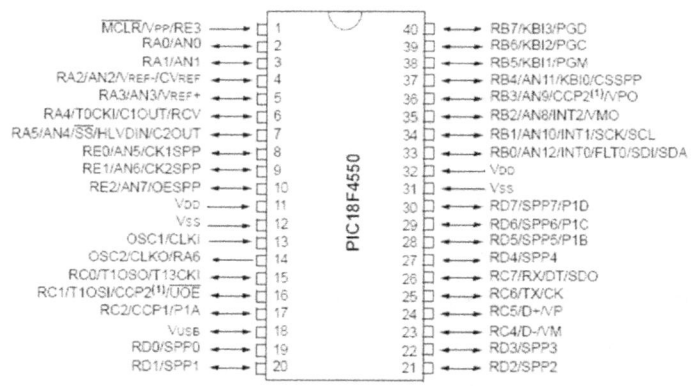

Figura 1.10. Esquema de líneas de E/S del microcontrolador PIC18F4550, tomado de [35]

En la siguiente Figura 1.11 se muestra la organización interna del microcontrolador PIC18F4550 [35]. La arquitectura Harvard es la utilizada por los microcontroladores de Microchip. Permitiendo que los datos tengan una longitud diferente a la de las instrucciones; así como el anidamiento de los ciclos de búsqueda y ejecución de instrucciones, lo que reviste en una mayor velocidad de ejecución del código.

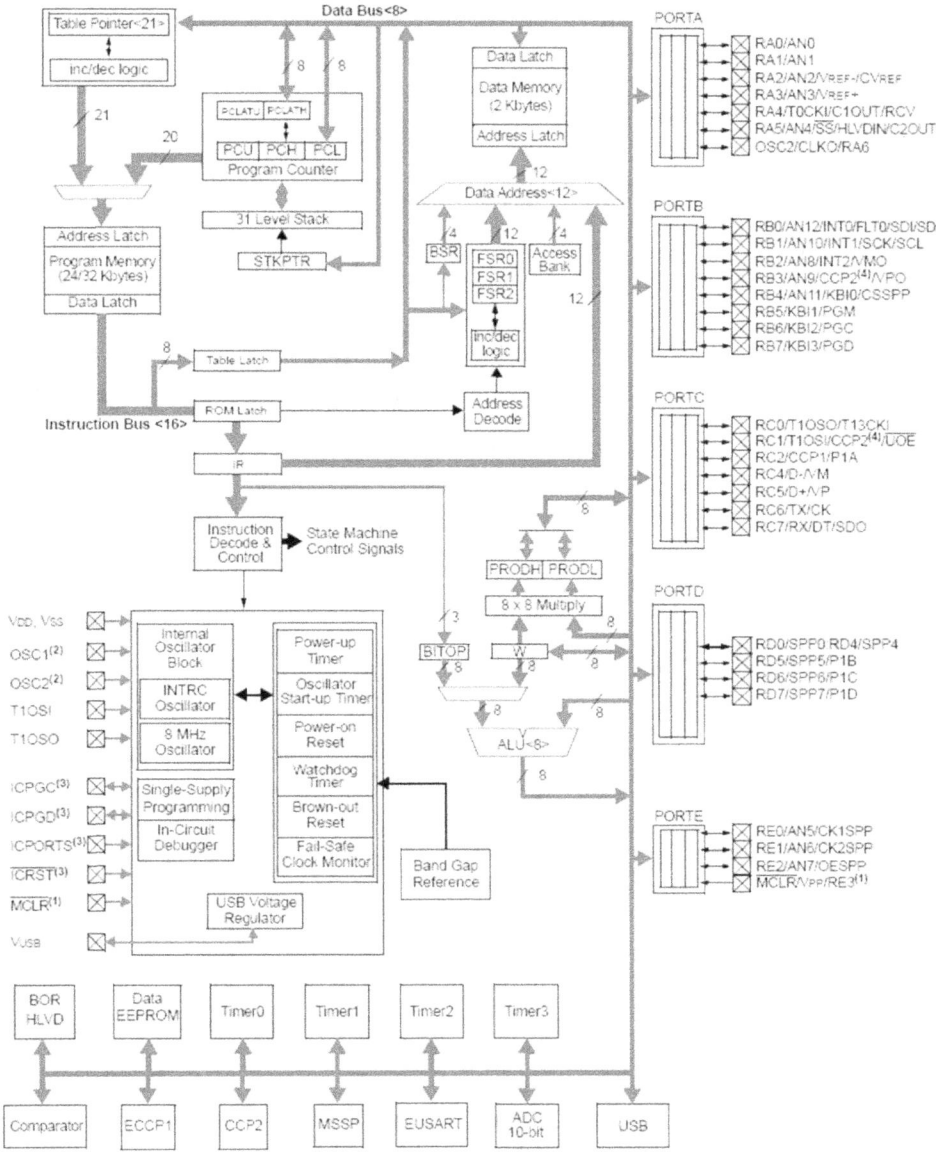

Figura 1.11. Arquitectura interna del PIC18F4550, tomado de [35]

1.7.1. El bus USB del PIC18F4550

El módulo de comunicación USB del microcontrolador PIC18F4550, hace de este último un dispositivo útil también para la instrumentación electrónica y en particular en el diseño de instalaciones de espectroscopia. Lo anterior se debe a los siguientes beneficios:

- El módulo USB del PIC18F4550 pertenece a la revisión 1.1 de la normativa USB [30] con capacidad para enviar y recibir datos a 12 Mbps (full speed) o a 1.5 Mbps (low speed).
- La conexión USB no requiere componentes externos al microcontrolador, *Figura 1.12*.
- El bus USB, brinda alimentación de 5 V y hasta 500 mA, lo cual puede simplificar el diseño electrónico al eliminar los componentes de una fuente de alimentación.

No obstante a lo anterior, la implementación del módulo USB, en opinión del autor, no resulta sencilla. Debido a la complejidad en la creación de los descriptores USB, (ver epígrafe 1.7.3, página 41). Cada dispositivo USB debe indicar al anfitrión su presencia y velocidad. Esto se logra a través de una resistencia de 1.5 kΩ conectada a una de las dos líneas de datos del bus. Para un dispositivo low speed, la línea D- se fija a 3.3 V, mientras que para full speed, es D+ quien se fija en 3.3 V. El PIC18F4550 posee dichas resistencias internamente, las cuales se conectan al nivel Vusb de 3.3 V configurando un bit llamado UPUEN, consulte el epígrafe 17.2.2.1, página 165 en la referencia [35].

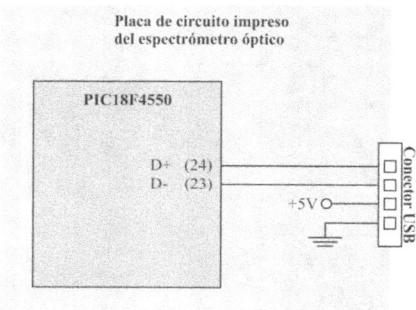

Figura 1.12.Conexión USB del PIC18F4550 implementada en el espectrómetro óptico

1.7.2. Configuración del oscilador del PIC18F4550 para uso del USB

El microcontrolador PIC18F4550 acepta una amplia variedad de osciladores, como por ejemplo: cristales (XT), osciladores externos (EC), red RC externa/interna, entre otros; así como una combinación de estos con el modulo PLL presente en el microcontrolador. Todo ello, con frecuencias de oscilador en el rango de DC a 48 MHz. La docena de modos de oscilador que acepta el PIC18F4550 están listados en la página 23 de la hoja de características del dispositivo [35].

Pero si se decide utilizar el módulo USB del PIC18F4550, entonces las frecuencias y los modos posibles de oscilador, quedan limitados a los mostrados en la Tabla 1.1.

Tabla 1.1. Frecuencias y modos del oscilador permitidas para uso del USB

Oscilador Externo (MHz)	Modos posibles de oscilador							
	EC	ECIO	ECPLL	ECPIO	HS	HSPLL	XT	XTPLL
4	X	X	X	X	X	X	X	X
8, 12, 16, 20 o 24	X	X	X	X	X	X		
40, 48	X	X	X	X				

Con el uso del módulo USB, además de la restricción mencionada, se debe tener presente que el núcleo del microcontrolador puede trabajar a una frecuencia diferente a la del oscilador externo, tal y como veremos a continuación. En la siguiente Figura 1.13, aparece la estructura del reloj del PIC18F4550, tal diagrama contiene gráficamente toda la información necesaria para una correcta configuración del oscilador del PIC18F4550.

El modulo USB solo trabaja con una frecuencia de 48 MHz (Para el modo USB de Full Speed) o a 6 MHz (Para el modo USB de Low Speed). Es por ello que el PIC18F4550 incluye un módulo PLL, con el fin de "elevar" las posibles frecuencias externas a la requerida por el módulo USB. Para entender el uso del diagrama de la Figura 1.13 en la configuración del oscilador para uso del módulo USB, describamos un ejemplo, utilizando un cristal de 4 MHz; frecuencia que cumple con la Tabla 1.1. En el ejemplo, prestaremos especial atención a la frecuencia resultante en las líneas CPU y USB PERIPHERAL, de la Figura 1.13, respectivamente. Además de elegir un modo de oscilador, deberemos configurar los fusibles PLLDIV, USBDIV, CPUDIV y FSEN.

Ejemplo de configuración de módulo USB con oscilador XT de 4 MHz:

Según la Tabla 1.1, para un cristal oscilador de 4 MHz, podemos elegir el modo XT o XT con PLL activada. Elijamos este último, o sea, el XTPLL. En todos los casos, la entrada del módulo PLL debe recibir una frecuencia de 4 MHz, por lo tanto, según la Figura 1.13, se debe pasar directamente la frecuencia de nuestro oscilador a la entrada del módulo PLL, ello se realiza configurando el fusible divisor de PLL (PLLDIV) en PLLDIV = 000.

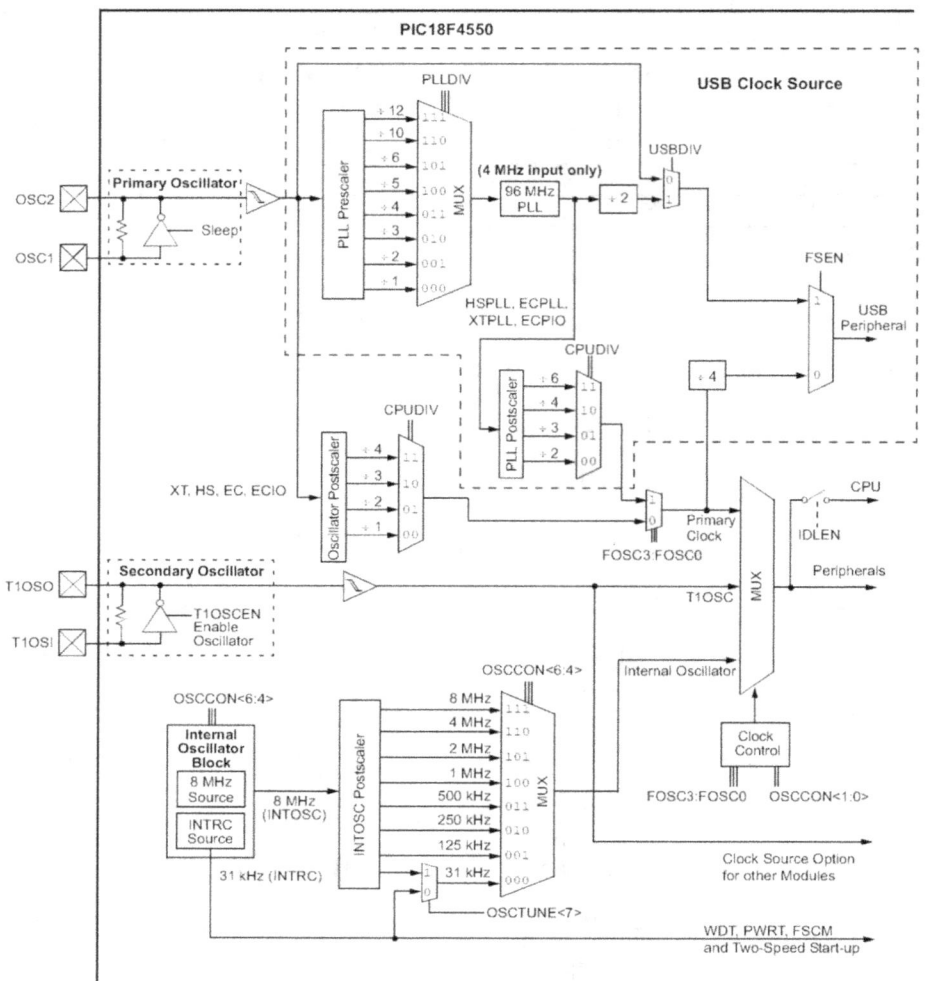

Figura 1.13. Diagrama del PIC18F4550 para la configuración del oscilado [35]

La salida del PLL de 96 MHz es dividida entre dos, obteniéndose los 48 MHz que pueden pasarse directamente al USB PERIPHERAL. Esto último, haciendo USBDIV = 1 y habilitando el Full Speed con FSEN = 1. Hasta aquí, hemos configurado el módulo USB, pero aún queda obtener la señal de reloj para el CPU. En la Figura 1.13, la salida del PLL además de pasar al módulo divisor, pasa al "PLL Postscaler" en donde puede ser dividida por alguno de los factores 2, 3, 4 y 6, según se configure CPUDIV. Por ejemplo, si elegimos CPUDIV = 01 (en notación binaria), estaríamos dividiendo la salida del PLL por el factor 3, con lo que obtenemos 96/3 = 32 MHz, que ahora son pasados al CPU.

En resumen, a partir del oscilador XT de 4 MHz, obtuvimos los 48 MHz para el módulo USB y derivamos también 32 MHz para el CPU. Otras variantes son posibles, siempre y cuando se respete la Tabla 1.1 y las relaciones de la Figura 1.13.

1.7.3. Descriptores USB

Cada dispositivo USB, debe entregar una descripción de sus características al anfitrión USB durante el proceso de enumeración descrito en el epígrafe anterior. No obstante, existe un creciente desarrollo de utilidades informáticas para asistir en el diseño de los descriptores USB y de controladores genéricos, tal es el caso de la denominada "mikroElektronika USB" que permite crear descriptores USB para los proyectos creados con el compilador de microcontroladores PIC mikroC[5], con el inconveniente de que son solo para dispositivos USB de interfaz humana, conocidos por HID de sus siglas en inglés de "Human Interfaz Device". Otros compiladores no ofrecen utilidades para el desarrollo de descriptores, dejando esta labor a la completa libertad del programador, lo que requiere un profundo dominio del dispositivo y del bus USB. Por otra parte, los sistemas operativos desde Windows 98, brindan controladores genéricos para dispositivos HID, los cuales pueden ser reutilizados por los programadores de microcontroladores[6] en la implementación del módulo USB. Es por lo anterior que muchos de los dispositivos actuales, como memorias Flash, reproductores de audio, teclados USB, cámaras digitales, entre otros, no necesitan del diseño de un driver, sino que invocan el disponible en el sistema operativo de la computadora personal. Existen nueve tipos de descriptores de los cuales cinco son los más importantes para el PIC18F4550, estos son:

1. **Descriptor de dispositivo**: Este ofrece información general sobre el fabricante, el número de producción, el número de serie, la clase del dispositivo y la cantidad de configuraciones. Existe solo un descriptor por dispositivo.
2. **Descriptor de configuración**: Este detalla sobre el consumo energético del dispositivo y sobre cuantas interfaces son soportadas cuando se esté en esta configuración. Puede haber más de una configuración para un dispositivo (ej. Configuración para casos de bajo consumo y configuración para casos de alto consumo por encendido de un motor).

---

[5] Una versión demostrativa de PICC se puede obtener en el sitio http://www.mikroe.com/
[6] Para una discusión sobre la creación de un controlador USB utilizando LabVIEW, consulte el epígrafe 1.7.4 en la página 38.

3. **Descriptor de interfaz**: Describe la cantidad de terminales usados en un interfaz, así como su clase. Puede haber más de una interfaz para una configuración.
4. **Descriptor de terminal**: Identifica el tipo de transferencia y dirección, así como otros aspectos propios del terminal. Puede haber varios terminales en un dispositivo y estos pueden compartirse en diferentes configuraciones.
5. **Descriptor de cadena**: Proveen información legible para los humanos sobre la capa que ellos describen. Frecuentemente estas cadenas se muestran en el anfitrión para ayudar al usuario a identificar el dispositivo. Los descriptores de cadena son opcionales.

1.7.4. Manejo del bus USB desde LabVIEW

Antes de continuar con la lectura de este epígrafe, puede consultar el 1.6.1 de la página 35, para conocer más sobre el ambiente de desarrollo LabVIEW. Cada dispositivo USB debe poseer un controlador en modo núcleo asociado con él; ello se logra en Windows a través de un archivo con extensión .inf. A continuación prestaremos atención al manejo del bus USB desde un VI de LabVIEW [36] y en particular al caso de un dispositivo de diseño propio, sin soporte por parte de NI. Como por ejemplo, una tarjeta diseñada con el PIC18F4550 de Microchip, el cual posee un módulo esclavo USB que debe ser configurado por el diseñador.

Para implementar la comunicación USB, se deben seguir dos pasos generales:

1. Crear un controlador (archivo .inf) para el dispositivo USB
2. Iniciar una sección VISA para el dispositivo USB

El primer paso permite que el dispositivo USB sea controlado por las funciones disponibles en la librería VISA[7] (Virtual Instrument Software Architecture). Con el segundo paso, se crea al dispositivo una sección VISA, o sea, un canal de comunicación para el instrumento. Es responsabilidad del diseñador del dispositivo USB, el formato y tipo de comandos a los que este último responderá. La creación de un archivo .inf para el dispositivo USB se realiza con el asistente VISA de LabVIEW. Disponible en el menú de programas de Windows, bajo National Instruments y VISA. La Figura 1.14 muestra las dos primeras ventanas de dicho

---

[7] VISA es una interfaz de programación de alto nivel (API) utilizada para la comunicación sobre buses de instrumentación, tales como GPIB, VXI, RS-232 y USB.

asistente, en los que se debe suministrar el tipo de bus, así como el identificador del fabricante y modelo del dispositivo, respectivamente.

El código Vendor ID (VID) y el Product ID (PID) del segundo paso, se introducen en notación hexadecimal y deben ser los mismos números del dispositivo USB. Por ejemplo, para el microcontrolador PIC18F4550 con módulo USB, el VID y el PID se consignan en su descriptor USB en el código del programa. Cada fabricante posee un VID que es reconocido internacionalmente por acuerdo mutuo, pero por lo demás, estos códigos se pueden elegir arbitrariamente para el descriptor USB que se desarrolle. Finalmente, el asistente VISA genera un archivo de extensión .inf con la información suministrada. Al conectar el dispositivo al bus USB de la PC, Windows comenzará el proceso de reconocimiento e instalación a través del asistente para nuevo hardware encontrado. Este último pedirá la ruta hasta el archivo .inf creado. En la Figura 1.15 se muestra un dispositivo USB desarrollado con un microcontrolador PIC18F4550, instalado y reconocido por VISA usando los pasos descritos.

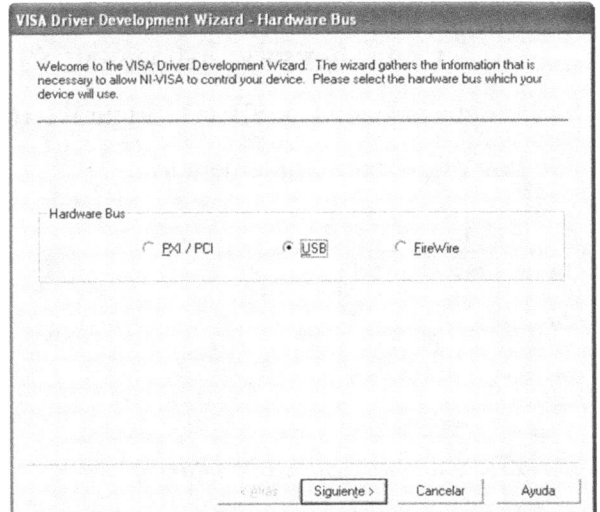 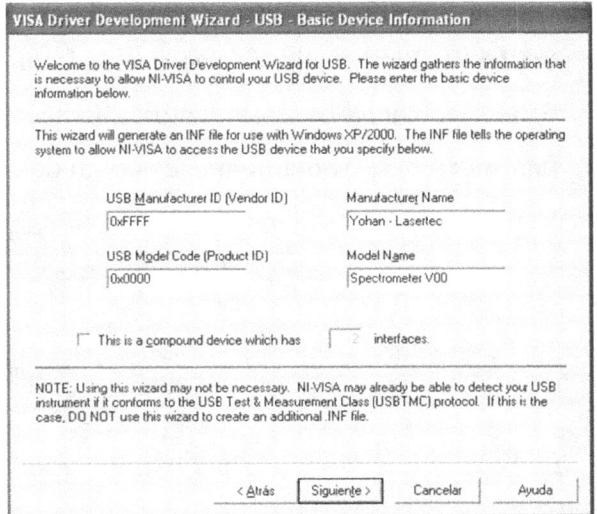

Figura 1.14. Asistente VISA para crear controlador .inf a nuestro dispositivo USB

Figura 1.15. Administrador de dispositivos de Windows mostrando el USB NI-VISA.

Solo resta crear una sesión VISA al dispositivo instalado. Para ello será necesario crear una cadena con los códigos VID y PID del siguiente formato: **USB0::VID::PID::NI-VISA-0::RAW**. Para el dispositivo instalado la cadena sería: **USB0::0xFFFF::0x0000::NI-VISA-0::RAW**. Dicha cadena identifica la sección VISA del dispositivo USB y la Figura 1.16 es una sugerencia de diagrama de código de un VI de LabVIEW para implementarla.

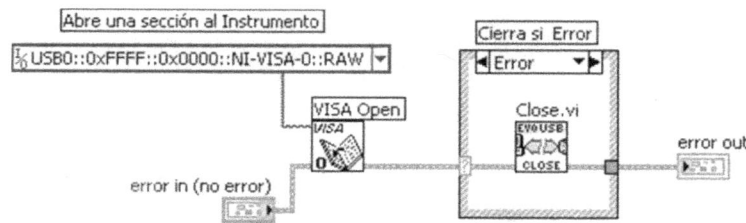

Figura 1.16. Creación de una sección VISA para un dispositivo USB

1.8. Necesidad de memoria en sistemas espectrales con detectores de arreglo

Un detector óptico de arreglo común posee más de 2000 celdas fotosensibles. Serían necesario al menos 2 kB para almacenar el arreglo. En un microcontrolador de la gama alta de Microchip, 2 kB es más del 80% de su memoria SRAM (ver epígrafe 1.7, pág. 36); con lo cual no habría lugar para los datos del detector. En el apartado 2.2.3 de la página 52 se describe el uso de un módulo de memoria RAM para el espectrómetro óptico.

2. DESARROLLO DEL ESPECTRÓMETRO ÓPTICO

2.1. Introducción

En la Figura 2.1 se muestra el espectrómetro óptico desarrollado y que a continuación será descrito. Este posee sobre la misma placa de circuito impreso (descrita en la página 60), tanto los elementos ópticos como los componentes electrónicos. La energía eléctrica le es suministrada al instrumento desde el bus USB de una PC, a la que necesariamente se debe conectar para su control y el procesamiento de los datos espectrales adquiridos.

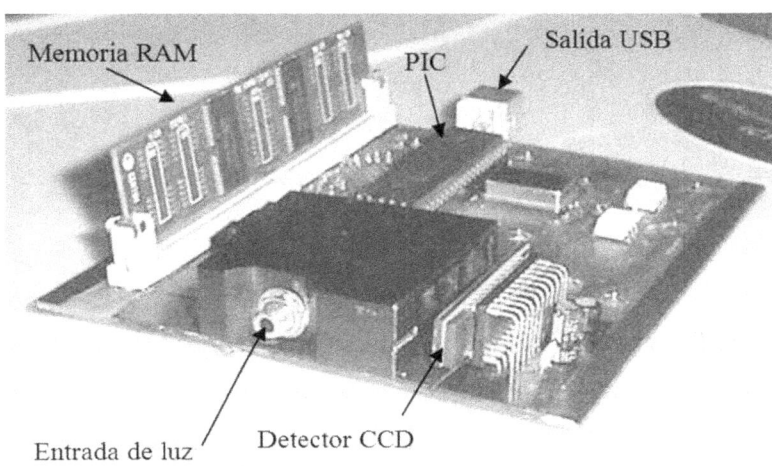

Figura 2.1. Espectrómetro óptico: electrónica y óptica ensambladas sobre el PCB (el CCD no está protegido de la luz externa con el fin de mostrarlo en la imagen)

A continuación, se realizará un análisis del instrumento, a partir de sus bloques físicos y de programas.

2.2. Bloques físicos del espectrómetro óptico

2.2.1. El Banco óptico

Para el banco óptico se utilizó el montaje Czcerny-Turner, estudiado en el epígrafe 1.3.2, página 25, que brinda facilidad para acomodar los elementos ópticos en un espacio reducido. Como rendija de entrada actúa el núcleo de 50 μm de una fibra óptica. La pequeña rendija de entrada reduce la cantidad de luz capturada; pero ello no es un problema para nuestra aplicación, debido a la intensa emisión del plasma.

En la Figura 2.2 se muestra el banco tipo Czcerny-Turner construido. Este incluye el espejo colimador, el espejo condensador, la red de difracción y un conector SMA para fibra óptica. La red de difracción utilizada posee 600 líneas/mm.

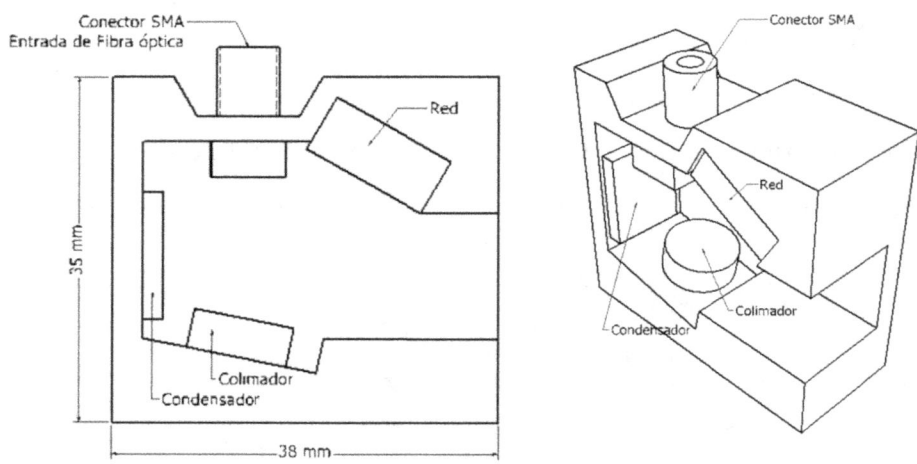

Figura 2.2. Vistas del banco óptico utilizado en el espectrómetro

En nuestro caso, la fibra óptica es parte del banco óptico porque su núcleo actúa como rendija de entrada. Téngase en cuenta que la apertura numérica **NA** depende de la rendija de entrada, ver epígrafe 1.3.3, página 26. Los datos de la fibra óptica utilizada se dan en la *Tabla 2.1* y en la Figura 2.3, esta última muestra su atenuación espectral, nótese su alta eficiencia de transmisión en la zona visible del espectro.

Tabla 2.1. Datos de la fibra óptica

Fabricante: *THORLABS
Modelo: AFS50-125Y
Rango espectral: Vis – NIr
Núcleo: 50 μm
Apertura NA: 0.22
Precio/m: 4.45usd

* www.thorlabs.com

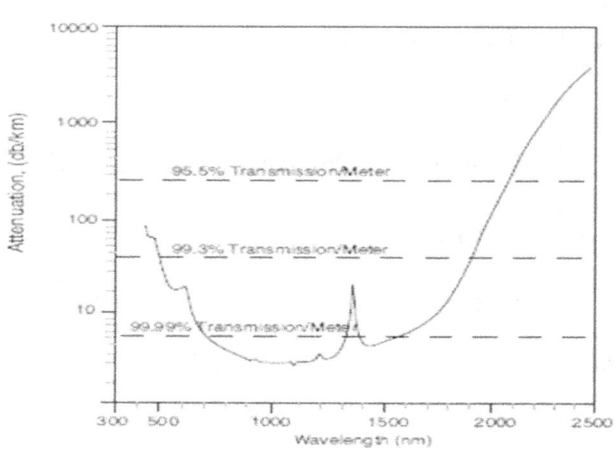

Figura 2.3. Atenuación espectral, en longitud de onda (nm) vs. Atenuación (db/km) [37]

La Figura 2.4 es una versión "desenrollada" del banco óptico utilizado, (ver Figura 1.5, página 26 y su texto asociado para los símbolos) útil para ilustrar cálculos de diseño. Con el núcleo de la fibra óptica de 50 μm de diámetro, el área de la fuente $s_0 = \pi r^2 = 0.002$ mm². El brazo de entrada $L_A = 17$ mm, el de salida $L_B = 60$ mm. El semiángulo $\Omega_0 = 14.48°$, de donde se obtiene que la apertura numérica del banco óptico es $NA = \mu \sin \Omega_0 = 0.25$.

El semiángulo Ω_0 se determina a partir de la proyección de **G** sobre el espejo **M1** y el brazo de entrada L_A. Al mismo tiempo, s_1 no es el área del espejo **M1**, sino el área de la proyección de **G** sobre **M1** (consultar página 16 de [27]). Para el cálculo de dicha proyección se deben conocer el área de **G** y el ángulo de incidencia fijo $\alpha = 11°$ (ver Figura 1.4, página 25).

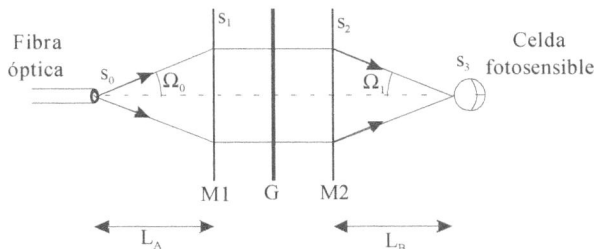

Figura 2.4. Banco con entrada simplificada de fibra óptica

Nótese, del banco óptico (Figura 2.4), que se diferencia del documentado en el epígrafe 1.3.3, página 26, en cuanto a la simplificación de la óptica de entrada. Como óptica de entrada actúa la salida de una fibra óptica con apertura numérica $NA = 0.22$ (ver). Las referencias [27, 38-45] muestran muchos de los aspectos relacionados con el diseño y optimización de los bancos ópticos.

2.2.2. Bloque detector

Este bloque está conformado por la unión del detector óptico de arreglo acoplado por carga (ver epígrafe 1.4.1 en la página 28), tipo ILX511 del fabricante Sony, y el módulo de conversión análogo-digital (AD) del microcontrolador PIC18F4550. La función fundamental de dicho bloque consiste en capturar y digitalizar la radiación óptica detectada en cada celda del arreglo detector. Físicamente, el detector ILX511 consiste en un circuito integrado con una ventana de cristal, para permitir el paso de la radiación a las celdas fotosensibles del detector. La *Figura 2.5* muestra el aspecto y dimensiones físicas del detector.

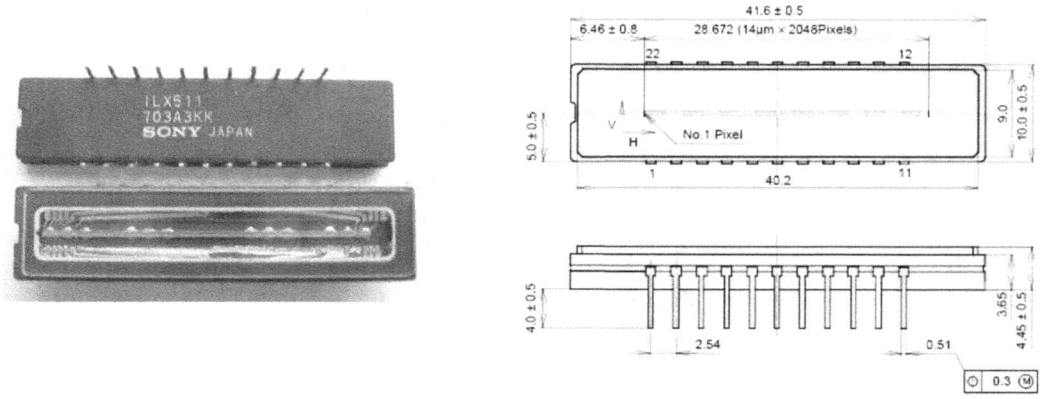

Figura 2.5. Aspecto físico y dimensiones (en mm) del detector CCD ILX511. Tomado de [46]

El detector posee 2100 celdas, de las cuales solo 2048 son expuestas a la radiación. Las restantes, llamadas celdas ciegas, están aisladas por la deposición de una capa metálica. El arreglo ocupa una longitud de 29 mm. Las celdas ciegas permiten medir la influencia de cualquier otro factor (temperatura, ruido eléctrico, etc.) que no sea la radiación en sí, y realizar una corrección de la lectura de las celdas activas. Todas las celdas del CCD ILX511 son rectangulares, de 14 µm de ancho por 200 µm de alto. La distancia entre centros de celdas consecutivas es de 14 µm. El CCD ILX511 posee la respuesta espectral dada en la siguiente figura:

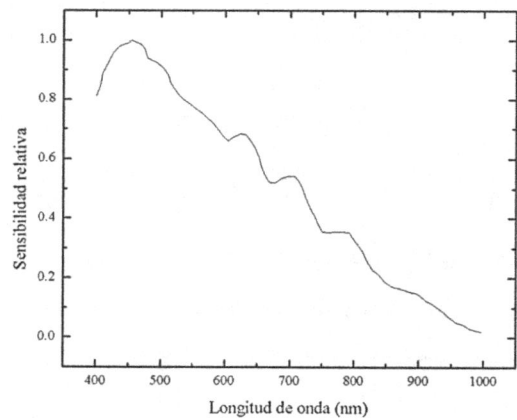

Figura 2.6. Sensibilidad espectral del detector CCD ILX511, reportada por su fabricante [46]

Dicha respuesta posee un máximo de sensibilidad cercano al verde (500 nm) y una marcada atenuación hacia los extremos rojo y ultravioleta. En nuestra aplicación, el detector será utilizado en la zona visible del espectro electromagnético, específicamente en el rango espectral desde 400 nm hasta los 700 nm. Las lecturas no serán corregidas por sensibilidad espectral, debido a que el instrumento se empleará para determinar solo la presencia de líneas de emisión en unidades arbitrarias, NO la intensidad absoluta.

El detector ILX511 ofrece un circuito de muestreo y retención (S/H) y un amplificador de salida para la señal analógica del CCD, simplificando su conexión con un AD. El ILX511 solo requiere una fuente de alimentación y una señal de reloj CLK, su consumo eléctrico es de 5 mA. En la Figura 2.7, se muestra la estructura del detector ILX511.

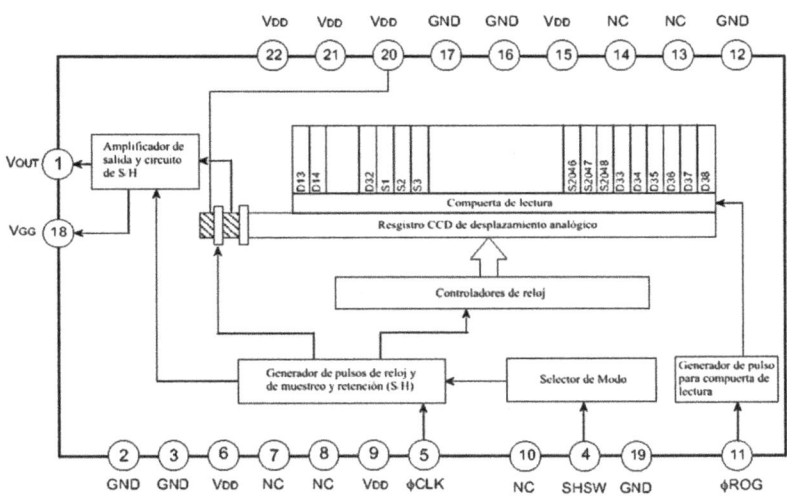

Figura 2.7. Diagrama interno del detector CCD ILX511, tomado de [46]

Con el uso del microcontrolador PIC18F4550, se generan las señales de control ROG, CLK y se realiza la conversión AD del potencial de cada celda. A partir de un pulso de la señal ROG, ver Figura 2.7, se transfiere paralelamente, a través de la compuerta de Lectura, el contenido eléctrico de las celdas (D13-D38 y S1-S2048) hacia el registro serial CCD de desplazamiento analógico. A continuación, se aplican pulsos de reloj CLK que desplazan secuencialmente el registro CCD hacia el amplificador de salida. Al pulso n-ésimo de CLK le corresponde, en la salida Vout, el potencial analógico de la celda n-ésima.

El módulo AD del PIC18F4550, posee una resolución de 10 bits y trabaja por aproximaciones sucesivas. Mientras se realiza la conversión de una celda, las restantes quedan expuestas al ruido. Por tanto, es importante que el módulo AD se configure con la máxima velocidad de conversión. Por otra parte, el tiempo de conversión por bit (T_{AD}) no puede ser tan pequeño que afecte la precisión de la conversión. Para el PIC18F4550, el mínimo T_{AD} posible es de 0.7 µs (vea el parámetro 130, tabla 28-29, pág. 394 de [35]).

En nuestra aplicación, el núcleo del microcontrolador trabaja con un oscilador de 40 MHz, para un periodo Tosc = 0.025 µs. Con 28 ciclos del oscilador se cumple el tiempo de conversión por bit T_{AD}. En la práctica, el PIC18F4550 permite asignar 32 ciclos de reloj (32Tosc = 0.8 µs @ 40 MHz), como valor más cercano a los 28 ciclos, para fijar T_{AD}. La conversión completa de una celda a su representación digital en 10 bits, requiere un tiempo de 11T_{AD} = 8.8 µs. Con los tiempos de conversión mencionados, la lectura de las 2048 celdas efectivas del CCD necesita 18 ms. Por tanto, la principal limitación para alcanzar la frecuencia máxima de lectura que permite el detector CCD, (2 MHz), se ve limitada por la velocidad de conversión del módulo AD del microcontrolador PIC18F4550.

A continuación, se mostrarán las temporizaciones y niveles de trabajo de las señales de control del detector óptico ILX511, implementadas en el microcontrolador PIC18F4550; así como la señal de salida del detector. En lo adelante, las lecturas eléctricas que se mostrarán fueron realizadas con un osciloscopio Tektronix TDS1012 de dos canales, CH1 y CH2 respectivamente.

En la Figura 2.8, se muestran las señales ROG y CLK generadas durante dos lecturas consecutivas del arreglo CCD. Con ROG en nivel lógico bajo y CLK en alto se inicia un tiempo de exposición de 25 ms; al culminar dicho tiempo y con el flanco de subida de ROG, se transfieren las cargas almacenadas en las celdas del detector hacia el arreglo CCD de desplazamiento analógico. A continuación, se aplica una secuencia de 2100 pulsos de reloj para desplazar el arreglo hacia el amplificador de salida. Tras cada pulso, se realiza una conversión AD y su almacenamiento en un módulo de memoria SIMM (este último será estudiado en el siguiente epígrafe 2.2.3). La frecuencia de CLK alcanzada fue de 68.9 kHz. Según el fabricante del CCD, el tiempo mínimo que debe permanecer ROG en bajo es de 3 µs.

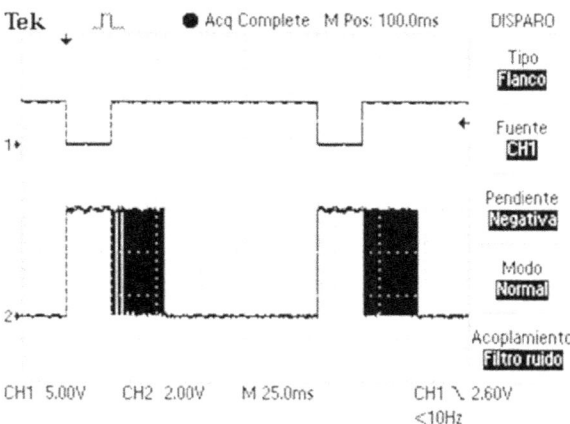

Figura 2.8. ROG y CLK, en CH1 y CH2 respectivamente, durante dos lecturas consecutivas (los bloques negros son los 2100 pulsos de CLK)

En la figura anterior, el tiempo desde el último pulso de CLK hasta el inicio de la segunda lectura del CCD, fue consumido en el envío de los datos espectrales hacia una PC a través del bus USB, tal y como se verá en el epígrafe 2.2.4. En la siguiente Figura 2.9, se muestra la relación de temporización entre las señales ROG y CLK al iniciar la lectura del CCD. ROG se mantiene en bajo durante 5 µs; y 2 µs posteriores a su flanco de subida, se inicia la generación de pulsos de CLK. Este último tiempo, entre el flanco de subida de ROG y el primer flanco de CLK, según especificaciones del CCD, debe ser como mínimo de 2 µs.

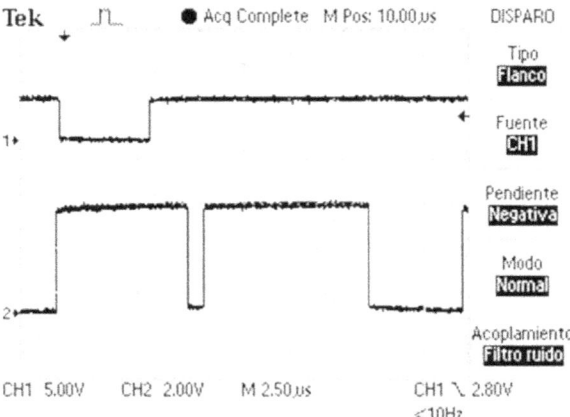

Figura 2.9. Temporización entre ROG y CLK, en CH1 y CH2 respectivamente

La siguiente Figura 2.10, muestra la señal de salida analógica del CCD versus la señal de control ROG, para el caso en que el CCD es mantenido en la oscuridad menos una vecindad de la celda 1200 del arreglo.

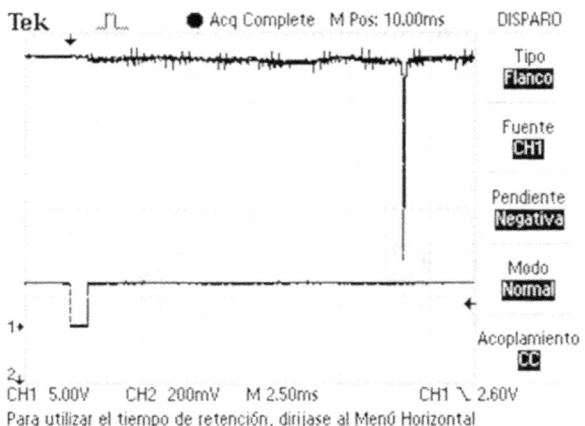

Figura 2.10. Señal de salida Vout y ROG, en CH2 y CH1 respectivamente, durante una lectura

Téngase en cuenta que la señal de salida del CCD, y en general de la familia ILX del fabricante Sony, cumple con el estándar clásico de televisión, en el que el nivel de blanco se representa con un voltaje de 0 V, el de negro con 0.75 V. Este tipo de señal se denomina de "video negativa", ver Figura 2.11. La salida de vídeo del CCD ILX511 cumple con los niveles señalados anteriormente para una señal de vídeo negativa, pero desplazados 2.8 V en el sentido positivo.

Figura 2.11. Señal de video negativa

2.2.3. Sección de memoria

La sección de memoria del espectrómetro óptico, consiste en un módulo de memoria RAM[8] tipo SIMM[9] más su electrónica de control; esta última, dada por el microcontrolador PIC18F4550. En la memoria SIMM se almacenan las lecturas, -previamente digitalizadas por

---

[8] RAM: Siglas en inglés de Random Access Memory, para significar "memoria de acceso aleatorio", tipo de memoria en la que se puede acceder directamente a cualquiera de sus localizaciones, sin antes tener que recorrer otras localizaciones, como en una memoria de acceso secuencial.

[9] SIMM: Siglas en inglés de Single Inline Memory Module, para referirse a los módulos de memoria de 32 bits que debían ser usados en pares para completar un banco de 64 bits.

el microcontrolador-, de las 2048 celdas fotosensibles del módulo detector de arreglo, tratado en el epígrafe anterior.

El módulo SIMM utilizado, consiste en una matriz cuadrada de 1024 filas, para un total de 1048576 celdas de almacenamiento, o sea, 1 MB de capacidad. Cada celda del módulo posee 32 bits de profundidad. De toda la matriz, se utilizan para los datos espectrales 2100 celdas, organizadas como 50 columnas por 42 filas; a 10 bits de profundidad. Esto último se debe, a la resolución del módulo conversor análogo-digital del microcontrolador PIC18F4550, la que también es de 10 bits (esto se explica en el apartado 2.2.3.1 de la página 55). En la Figura 2.12 se ilustra gráficamente, la sección utilizada del módulo SIMM, las filas se denotaron por "F" y las columnas por "C".

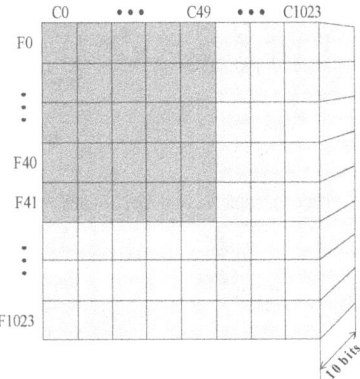

Figura 2.12. Zona utilizada del módulo SIMM para los datos espectrales

El hecho de utilizar 50 celdas por fila, está relacionado con el tamaño del arreglo que el microcontrolador envía a través del bus USB, este punto será retomado al estudiar el programa del microcontrolador, en el epígrafe 2.3.1 de la página 60. Baste decir, que el tamaño del arreglo enviado por el microcontrolador a través del bus USB, consta de 101 bytes. Los 100 primeros bytes para 50 celdas (cada celda ocupa dos bytes). El último byte de los 101, se utiliza como controlador o identificador de la fila enviada, siendo su rango desde "0" hasta "41". De forma general, para poder acceder a todos los 1024 elementos de una fila, se requieren diez bits ($2^{10} = 1024$), similarmente ocurre con las 1024 columnas. Por tanto, una dirección de celda se especifica a través de 20 bits, diez para las filas y diez para columnas.

En la práctica, el módulo SIMM solo posee diez líneas binarias para ingresar una dirección, lo cual se realiza en dos pasos y con la ayuda de las señales de control CAS[10] y RAS[11]. Otra señal, denotada por W, indicará al módulo si se trata de la lectura o escritura de la celda direccionada. En la lectura, los 32 bits de una celda quedarán disponibles sobre 32 líneas que posee el módulo, estás se nombran desde D0 hasta D31. En la escritura, las líneas anteriores actúan como entradas digitales del valor que se desee ingresar en la celda direccionada.

En la Figura 2.13 se muestran las 72 líneas de un módulo SIMM, incluyendo las señales CAS, RAS y W. Nótese, que CAS aparece expandida como CAS0, CAS1, CAS2 y CAS3; similarmente ocurre con RAS. Esto es así, porque el banco SIMM brinda la posibilidad de leer o escribir cualquiera de los cuatro bytes en que se pueden agrupar los 32 bits de una celda. En nuestra aplicación, todas las señales CASn (n ∈ (0, 1, 2, 3)) fueron unidas eléctricamente para tratarlas como una sola; similarmente se procedió con RASn.

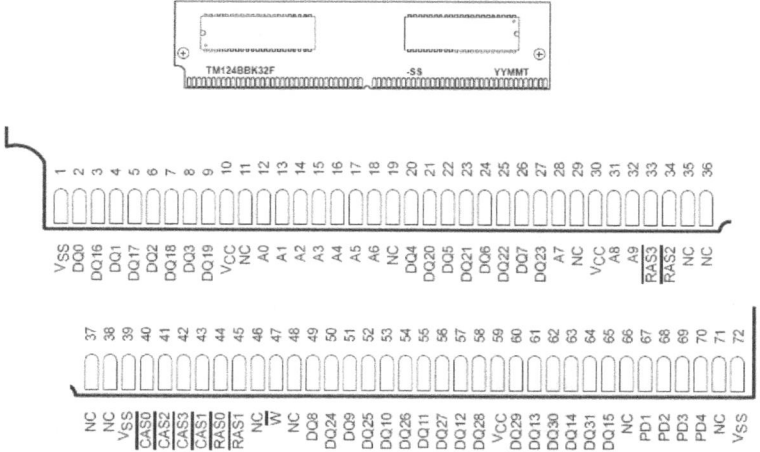

Figura 2.13. Arriba, Módulo SIMM; centro y abajo, identificación de sus 72 líneas (mostradas en dos partes para mayor claridad)

---

[10] CAS: Acrónimo en inglés de "Column Address" (Índice de Columna).
[11] RAS: Acrónimo en inglés de "Row Address" (Índice de Fila).

2.2.3.1 Conexión del módulo SIMM al microcontrolador PIC18F4550

La Figura 2.14 muestra la interconexión del módulo SIMM con el microcontrolador PIC18F4550, lo que incluye a las líneas binarias de control W, RAS y CAS, un bus de datos, denotado por D[0..8] y el bus de direcciones A[0..9].

Los píxeles del CCD son codificados por el conversor análogo-digital del microcontrolador, con diez bits de profundidad. Es por ello que del microcontrolador se destinaron diez líneas (RD0 a RD7 más RE0 y RE1) para el bus de datos D[0..9], ver Figura 2.13, las líneas D10 a D31 del módulo SIMM se dejaron fijas, con resistencias a tierra. Para el bus de dirección se destinaron diez líneas: RB0 a RB7 más RA0 y RA1, las cuales conforman el bus de direcciones A[0..9].

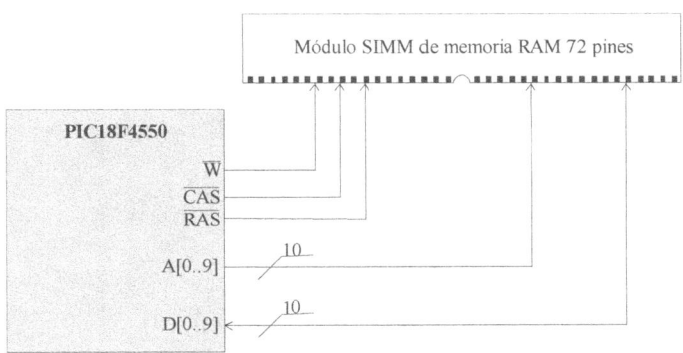

Figura 2.14. Interconexión del microcontrolador con la memoria RAM

En el esquema electrónico del anexo A se pueden observar las líneas de propósito general del microcontrolador destinadas al control del módulo SIMM. El módulo SIMM seleccionado, demanda una corriente máxima de 50 mA, El módulo SIMM seleccionado contiene dos memorias (ver Figura 2.15) tipo **TMS418160DZ** [47], cada una de 16 bits y 1 MB de capacidad.

Figura 2.15. Imagen del Módulo SIMM instalado en el espectrómetro óptico

2.2.3.2 Procedimientos de lectura y escritura del módulo SIMM

Para efectuar la **lectura** de una celda, se siguió el siguiente procedimiento:

1. Establecer dirección de la fila en el bus A[0..9]
2. Activar la señal "RAS" (Activa en cero lógico)
3. Desactivar "W" (Activa en cero lógico)
4. Establecer dirección de la columna en el bus A[0...9]
5. Activar la señal "CAS" (Activa en cero lógico)
6. Leer con el microcontrolador dato presente en el bus D[0..9]
7. Desactivar "CAS"
8. Desactivar "RAS"

De forma similar, para efectuar la **escritura** de una celda del módulo SIMM, se siguió el siguiente procedimiento:

1. Establecer dirección de la fila en el bus A[0..9]
2. Activar "RAS" (Activa en cero lógico)
3. Activar "W" (Activa en cero lógico)
4. Establecer el dato a escribir en el bus D[0..9]
5. Establecer dirección de la columna en el bus A[0...9]
6. Desactivar "CAS"
7. Desactivar "RAS"

En la Figura 2.16 se muestra la temporización de las señales RAS y CAS, adquiridas por los canales uno y dos, respectivamente, de un osciloscopio Tektronix TDS1012 y durante el direccionamiento de una celda. Dicha temporización, corresponde a la implementada en el microcontrolador PIC18F4550 del espectrómetro óptico.

En la Figura 2.17 se muestra la temporización entre RAS y W durante la escritura de las dos primeras celdas de la primera fila de la matriz de la Figura 2.12; nótese que se trata de una escritura porque W es activada, o sea, llevada a cero lógico. En la hoja de características [47] de los circuitos de memoria **TMS418160DZ** que conforma al módulo seleccionado, se podrán ver los detalles de los diferentes modos de lectura y escritura.

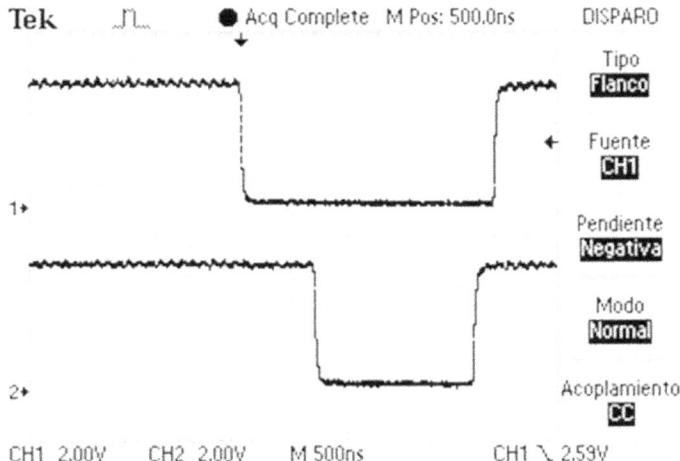

Figura 2.16. RAS y CAS, en CH1 y CH2 respectivamente; durante el direccionamiento de una celda

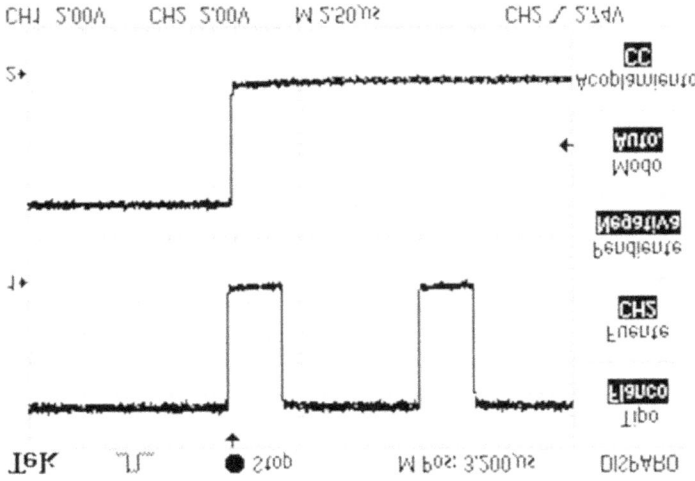

Figura 2.17. RAS y W, en CH1 y CH2 respectivamente, durante la lectura de las dos primeras celdas de una fila

La adición al diseño del bloque de RAM, permitió realizar la lectura completa del CCD con una **frecuencia de drenado**[12] de 68.9 kHz, antes de enviar todos los píxeles hacia una PC y garantizó un tiempo constante de lectura entre píxeles consecutivos. Sin la RAM, después de la lectura de un píxel o de un grupo de estos, tendrían que ser enviados hacia la PC sin

---

[12] Frecuencia de drenado, término para referirse a la frecuencia de la señal de reloj requerida por los detectores CCD. En el epígrafe 2.4.4, página 70, se estudia el efecto de la frecuencia de drenado sobre las lecturas del CCD.

concluir el drenaje, lo cual incrementaría notablemente el tiempo total de lectura del CCD, con el consiguiente efecto de saturación (ver epígrafe 2.4.3, pág. 73).

2.2.4. Sección USB

En los epígrafes 1.5, 1.7.1 y 1.7.4 de las páginas 30, 37 y 42, respectivamente, se estudió el bus USB, su interconexión con una PC así como su manejo desde LabVIEW. La sección USB del espectrómetro se corresponde con lo mostrado en la *Figura 1.12* de la página 38. También, en el anexo A se muestra el circuito completo del espectrómetro óptico. Recuérdese que el espectrómetro óptico adquiere su alimentación eléctrica del propio bus, por lo que no requiere de fuente externa de energía ni sus circuitos asociados.

2.2.5. Sección para control de dispositivos externos

Esta sección permite al espectrómetro óptico controlar el estado de un dispositivo externo; como por ejemplo, el encendido y apagado de una lámpara espectral. Para ello, se dedicó la línea 17 del microcontrolador PIC18F4550 (encapsulado DIL40), tal y como muestra la *Figura 2.18*. Dicha línea se encuentra aislada ópticamente del medio exterior a través de un acoplador óptico tipo 4N25. Las características temporales del 4N25 [48] indican una latencia de encendido y apagado de 2.8 μs y 4.5 μs, respectivamente. Por ello, un cambio de estado de la línea 17 del microcontrolador, se verá reflejado a la salida del acoplador óptico transcurrido un tiempo de 4.5 μs. El 4N25 permite aislar al espectrómetro de cargas alterna de 60 Hz con valor pico de 7500 V, aplicadas durante un segundo.

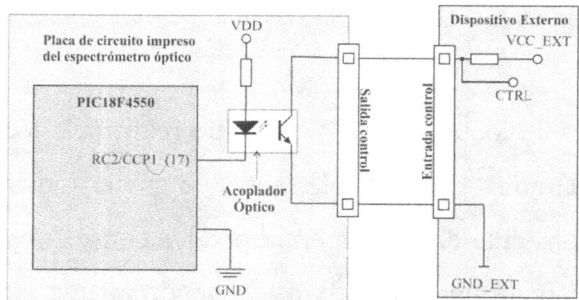

Figura 2.18. Sección de control externo controlando un dispositivo externo genérico

En el anexo A del circuito completo, se puede observar la sección estudiada, compuesta por la línea 17 del PIC18F4550 y el acoplador óptico 4N25, este último identificado como U3 en el circuito citado.

2.2.6. Sección de programación ICSP

Los microcontroladores PIC pueden ser programados directamente en la placa de circuito impreso del sistema que ellos controlen. Lo anterior se denomina programación ICSP, siglas en inglés de In-Circuit Serial Programming [49]. Entre otras ventajas, la programación ICSP protege al microcontrolador de daños mecánicos o electrostáticos, al evitar su manipulación y trasiego desde la placa de circuito impreso hasta una unidad de programación.

En la *Figura 2.19* se muestra la sección ICSP implementada al espectrómetro óptico. El conector ICSP de la figura posee cinco líneas para el acceso del programador externo al microcontrolador PIC18F4550. Estas líneas son MCLR/VPP para el voltaje de programación, PGC para el sincronismo con los datos de la línea PGD y dos para alimentación (VSS y VDD). Los números entre paréntesis en la figura, se corresponden con las líneas del encapsulado DIL-40.

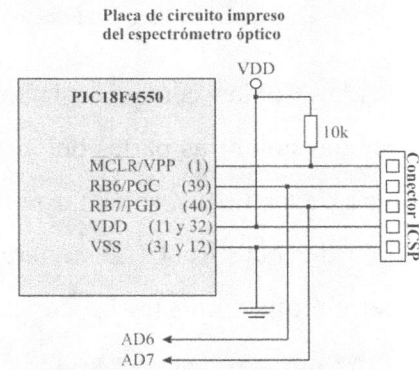

Figura 2.19. Sección de programación ICSP del espectrómetro óptico

Todas las señales ICSP, incluyendo VDD, son controladas por el programador, por lo que el espectrómetro puede estar desconectado de su fuente de alimentación durante dicho proceso. En nuestro sistema las líneas PGC y PGD también son utilizadas como parte del bus de direcciones de una memoria. Por ello, se debe garantizar un correcto aislamiento de dichas líneas durante la programación, ya que una sobrecarga de estas impediría la programación. La alta impedancia que presenta la memoria RAM en su bus de direcciones evita cualquier sobrecarga de PGC y PGD durante la programación del microcontrolador.

2.2.7. Construcción de la placa de circuito Impreso

Como se ha dicho, la placa de circuito impreso (PCB) del espectrómetro óptico, no solo alberga los componentes electrónicos, sino que también sirve de base para el banco óptico. El PCB fue diseñado utilizando el programa de captura y simulación electrónica Altium Designer 6. El PCB posee un tamaño de 100 mm por 130 mm y los componentes, tanto ópticos como electrónicos, fueron ubicados de la manera mostrada en la siguiente Figura 2.20.

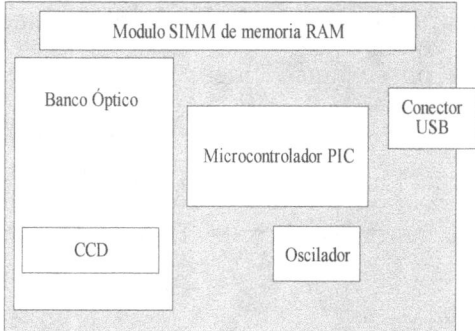

Figura 2.20. Disposición de los elementos en el PCB

El módulo oscilador de 40 MHz, se ubicó cercano a la línea de reloj del microcontrolador, minimizando posibles interferencias con otras partes del circuito y la degradación de la propia señal del oscilador. En el trazado de las líneas, se evitaron los lazos de inducción y se procuró que la línea de salida analógica del detector CCD tuviera un retorno a tierra paralelo a su trayecto, en la cara opuesta del circuito impreso. La conexión al bus USB se ubicó también cercana al microcontrolador, próxima a las líneas USB de este último. Capacitores de desacople fueron utilizados en la entrada de alimentación USB, así como en el microcontrolador y el módulo SIMM de memoria RAM. Para el diseño del esquemático y del PCB se utilizó el programa Altium Designer.

2.3. Bloques de programa del espectrómetro óptico

2.3.1. Programa del microcontrolador

El programa del microcontrolador PIC18F4550 (ver epígrafe 1.7 de la página 36) fue escrito para realizar las siguientes funciones:

1. Generar las señales ROG y CLK para el control del detector óptico CCD ILX511 (ver epígrafes 1.4 y 2.2.2) y realizar la adquisición AD de su señal de video analógica.

2. Realizar la lectura/escritura de datos en un módulo SIMM de memoria RAM.
3. Implementar la comunicación USB del microcontrolador PIC18F4550, para el envío de datos espectrales y recepción de comandos desde una computadora personal.

Para la escritura del código, se utilizó el compilador "CCS[13]"de lenguaje "C".

En la Figura 2.21, se muestra el diagrama en flujo del código implementado para el control del espectrómetro óptico y en el anexo B de la página 91 se expone su código principal, en lenguaje C. El procedimiento para el trabajo con el módulo SIMM de memoria RAM ya fue discutido en el epígrafe 2.2.3.2, página 56.

La estructura del código elaborado es simple, básicamente consiste en un ciclo infinito que secuencialmente realiza los siguientes procesos:

1. Lee una celda del arreglo detector CCD y la almacena en el módulo SIMM, continúa en este paso hasta completar el total de 2100 celdas del detector.
2. Seguidamente recupera los datos digitales almacenados en el módulo SIMM para, en bloques de a 100 bytes cada uno, enviarlos hacia una PC, vía USB. El envío USB de un paquete consume 2 ms.
3. Repetir desde el primer paso de esta lista.

El ciclo descrito anteriormente, solo es suspendido por interrupción de llegada de un comando USB. Son dos los comandos implementados, uno para establecer el tiempo de exposición del CCD y otro para cambiar el estado lógico de la línea del control externo. Esto último fue discutido en el epígrafe 2.2.5 de la página 58.

---

[13] http://www.ccsinfo.com/

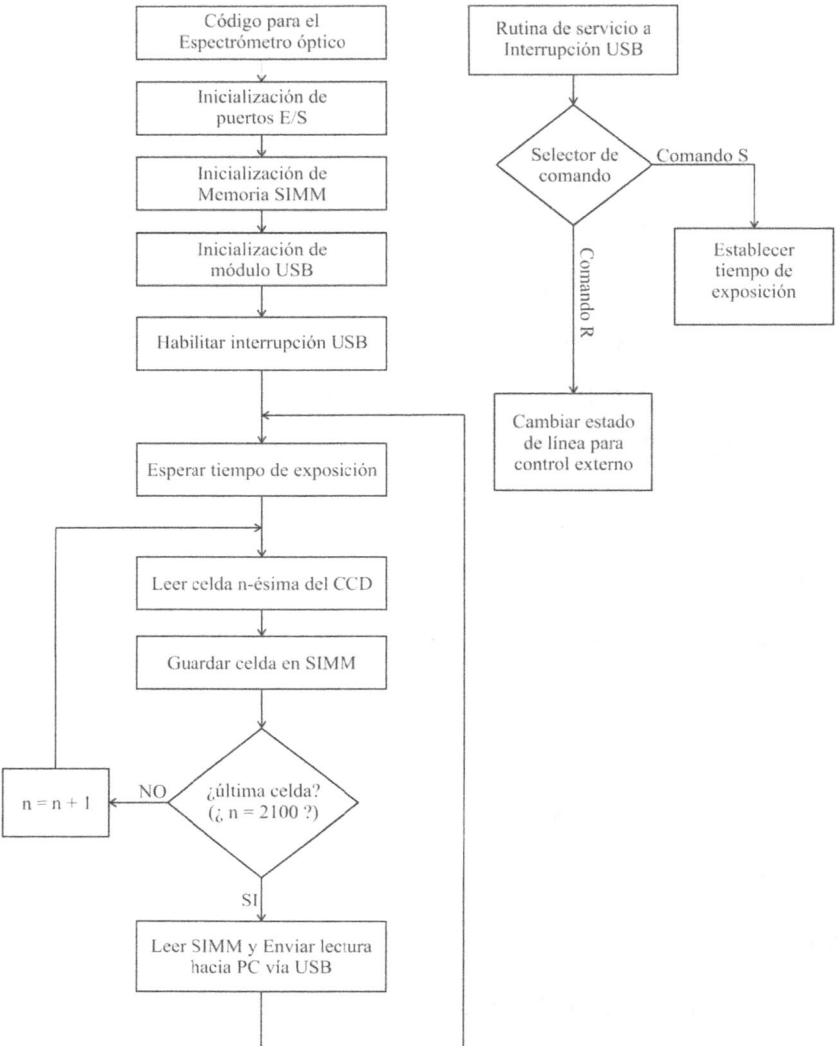

Figura 2.21. Diagrama de flujo del código del microcontrolador

2.3.2. Programa de Interfaz

En el epígrafe 1.6, página 34, se estudió la clasificación de los programas de instrumentación virtual tanto en programa de aplicación como la de programa de interfaz o <u>driver</u>. Para el espectrómetro, se tomó la decisión de desarrollarle un programa de interfaz y a partir del mismo dos programas de aplicación. Dicha decisión se basó en la flexibilidad que brinda un driver para ensayar distintas variantes de código.

El programa de interfaz se realizó empleando el ambiente de desarrollo de programas LabVIEW 8.0 y consistió en un grupo de instrumentos virtuales (VIs) para el control y la adquisición de datos del espectrómetro óptico a través del bus USB. Una vez desarrollado el driver, sus funciones aparecen en la paleta de funciones de LabVIEW, tal y como se verá más adelante. Para desarrollar el **programa de interfaz** se partió de la creación de un proyecto en LabVIEW, utilizando el asistente correspondiente, mostrado en la *Figura 2.22*. Una vez completado el asistente, se crea la estructura de un proyecto de interfaz al cual se le agregan las funciones para el control del espectrómetro. El proyecto permite organizar las funciones en categorías, como por ejemplo, funciones de adquisición y/o de configuración. Las funciones estarán disponibles en la paleta de funciones de LabVIEW.

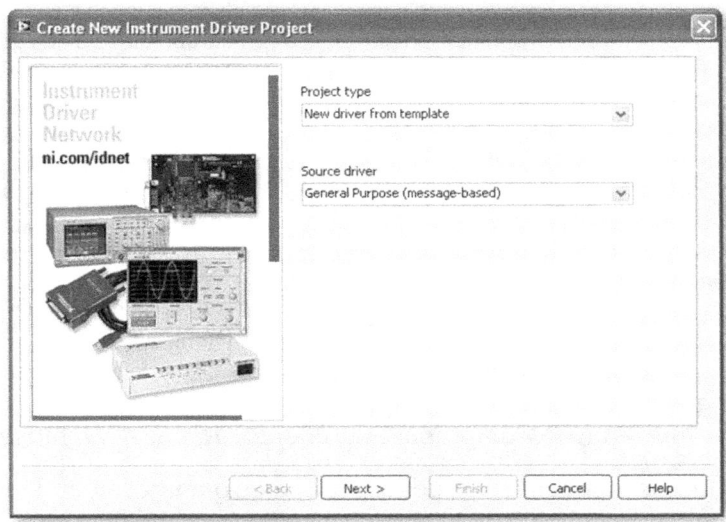

Figura 2.22. Asistente de LabVIEW para proyecto de interfaz

En la Tabla 2.2 se muestran las funciones desarrolladas en el proyecto de interfaz, acompañadas de una descripción. Cada uno de estos VIs, a excepción de la utilidad "Genera eje Lambda.vi", envía un comando al espectrómetro óptico a través del bus USB. El espectrómetro lo efectúa y devuelve la respuesta correspondiente, la cual es procesada por el driver. El usuario no requiere conocer los comandos de bajo nivel diseñados al espectrómetro, pudiendo centrarse solamente en el diseño del sistema de medición.

Tabla 2.2. Funciones del driver del espectrómetro

Instrumento virtual e Ícono conector	Descripción
Inicializa.vi error in (no error) — [INITIALIZE] — error out	Función de utilidad que inicializa la comunicación USB con el espectrómetro, abriendo una sección VISA. Se debe utilizar al inicio del programa virtual.
Close.vi error in (no error) — [CLOSE] — error out	Función de utilidad que finaliza la comunicación con el espectrómetro, liberando los recursos utilizados en ello. Adicionalmente le envía orden de desconexión USB.
Adq. Línea.vi tiempo de integración (ms), Dispositivo Externo, error in (no error), Corrección — [EVOUSB] — Saturado, píxeles efectivos, Píxeles ciegos, Mediana ciega, error out	Función de datos que adquiere la línea efectiva (2048 píxeles) y la línea ciega (40 píxeles) del detector CCD del espectrómetro. Adicionalmente devuelve la mediana ciega e indicación de saturación. Permite establecer el tiempo de integración del detector óptico CCD.
Genera eje Lambda.vi Coeficientes de Calibración — [EVOUSB Pixel to Lambda] — lambda (nm)	Función de utilidad que genera un arreglo de 2048 elementos. Cada elemento representa la longitud de onda asociada a cada celda de las 2048 del CCD, respectivamente.

En el anexo C se muestran los diagramas de código de cada VI mostrado en la Tabla 2.2. Como se mencionó, los VIs del driver del espectrómetro aparecen en la paleta de funciones de LabVIEW, su ubicación y aspecto se muestran en la Figura 2.23. Desde la paleta "Espectrómetro USB V00", se accede a las funciones mostradas en la Tabla 2.2.

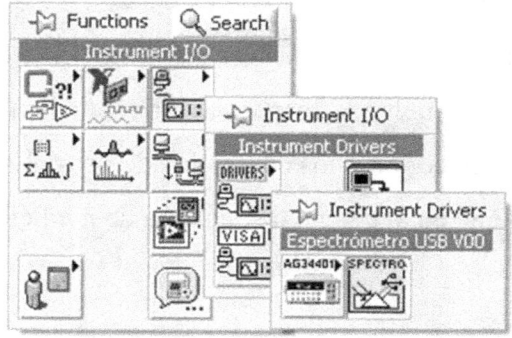

Figura 2.23. Paleta del driver del espectrómetro en la paleta de funciones de LabVIEW

El control binario "Corrección", presente en la función "Adq. Línea", establece si el arreglo de píxeles efectivos será corregido restándole la "mediana ciega". La mediana ciega es el resultado de promediar los píxeles ciegos. Los "Coeficientes de calibración", presentes en la función "Genera eje lambda" se obtienen a partir de la calibración del instrumento.

2.3.3. Programa de aplicación

A partir del programa de interfaz del espectrómetro, se desarrolló un **programa de aplicación,** cuyo panel de control y diagrama de código se muestran en las Figura 2.24 y 17, respectivamente. Dicho programa, con titulo "*Adq. Pixel vs Volt*", fue desarrollado utilizando las funciones disponibles en la paleta del instrumento, mostrada en la sección 2.3.2. El objetivo de "*Adq. Pixel vs Volt*" es el de servir de herramienta para la calibración del espectrómetro, tal y como se discutirá en el apartado 2.4, página 67.

"*Adq. Pixel vs Volt*" muestra gráficamente las celdas efectivas del detector CCD, representadas por un número del eje horizontal y la intensidad relativa asociada a cada una, en el eje vertical. Los datos adquiridos pueden ser guardados en un archivo de texto de extensión txt, activando el botón "Salvar Data". Dichos archivos contienen una columna de 2048 elementos, que representan la intensidad adquirida en cada una de las 2048 celdas efectivas del detector CCD. Estos archivos serán utilizados posteriormente para la calibración del espectrómetro óptico.

Adq. Pixel vs Volt, posee tres secciones de configuración: "Control de disparo", "Alertas" e "Integración". La sección "Control de Disparo" permite guardar los datos automáticamente cuando una celda cualquiera alcance un peso igual o mayor al dado en el control "Umbral". La sección de "Alertas" advierte al usuario sobre problemas de comunicación USB entre la PC y el espectrómetro o de la saturación de cualquiera de las celdas del detector CCD. Si alguna celda llega a saturarse, su exceso de carga se transfiere a las celdas vecinas, las cuales presentarán un peso, aun cuando no les incidió radiación alguna.

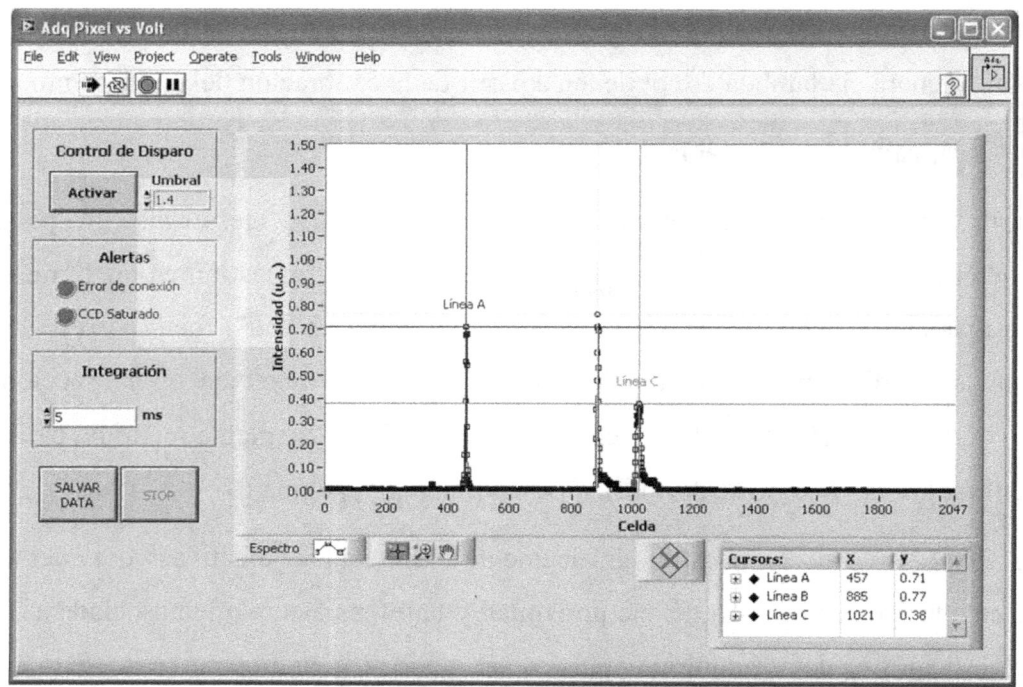

Figura 2.24. Programa de aplicación para la calibración. La imagen se corresponde al momento de leer el CCD bajo la radiación de una lámpara espectral de mercurio

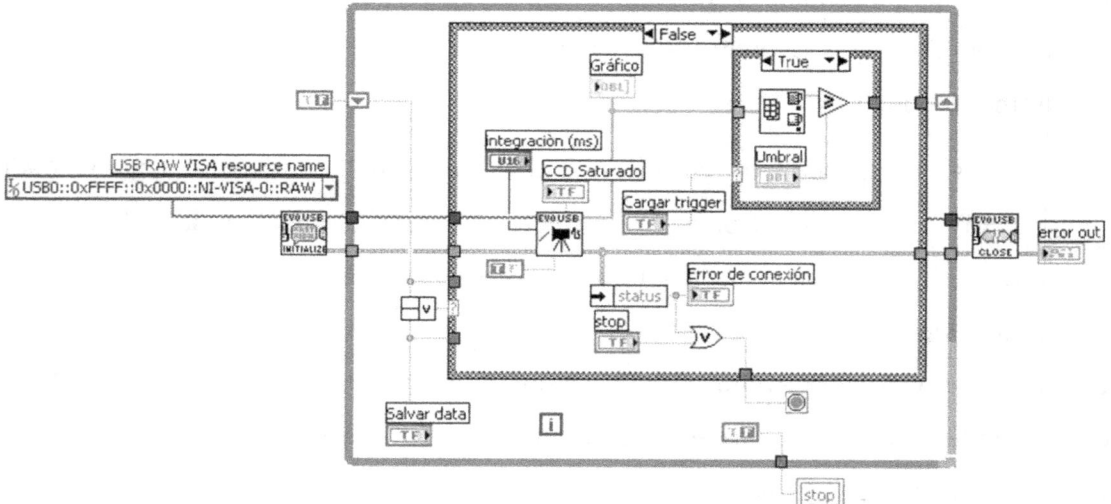

Figura 2.25. Diagrama de código del programa de aplicación para la calibración

La sección de "Integración" posee un control numérico para establecer el tiempo de exposición de las 2048 celdas efectivas del detector CCD, antes de iniciar la lectura de las mismas. Este control adapta el espectrómetro a distintas condiciones de intensidad óptica. Si la radiación es capaz de saturar el detector, se debe reducir el tiempo de integración. Contrariamente, las señales muy débiles pueden ser detectadas aumentando el tiempo de integración. Experimentalmente se debe encontrar un compromiso entre el tiempo de integración y el nivel deseado de la señal. La sobrexposición del detector, aún sin llegar a la saturación (ver epígrafe 2.4.3 en la página 73), provoca un aumento considerable de la señal debido al ruido térmico.

2.4. Calibración del espectrómetro óptico

2.4.1. Coeficientes de calibración

Por calibración del espectrómetro óptico, entenderemos el procedimiento a través del cual, a cada celda efectiva del detector CCD se le asigna un valor de longitud de onda.

Para realizar la calibración del instrumento, se realizaron las siguientes actividades:

1. Desarrollo de un **programa de aplicación** en LabVIEW. Dicha aplicación graficará (en forma de celda versus intensidad relativa) la lectura del detector CCD y permitirá el resguardo de los datos espectrales en el disco duro local.
2. El diseño y montaje de una **instalación experimental** para la calibración.
3. **Ajuste a un polinomio de segundo orden** de los puntos de calibración; el cual asignará a cada celda activa del CCD una longitud de onda.

La **primera actividad de calibración** se realizó en el epígrafe 2.3.3 de la página 65, cuando se discutió el desarrollo de un programa de aplicación en LabVIEW, ver Figura 2.24 y para más detalles consultar el anexo C, página 93.

Para la **segunda actividad de calibración**, se realizó el montaje experimental mostrado en la Figura 2.26 y en la Figura 2.27. En este, se empleó una lámpara espectral de mercurio tipo Narva TGL 200-8175, mostrada en la Figura 2.28. El espectrómetro óptico envía cada lectura del arreglo CCD hacia la PC, a través del bus USB. Se orientó la entrada de la fibra óptica hacia el bulbo interno de la lámpara espectral, para captar eficientemente su emisión.

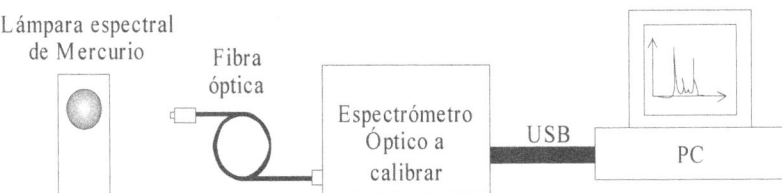

Figura 2.26. Diagrama del Montaje experimental de calibración

Figura 2.27. Imagen del montaje de calibración. L: lámpara espectral;, F: Fibra óptica; S: Espectrómetro conectado al bus USB de una PC portátil con programa de aplicación

Figura 2.28. Lámpara espectral de mercurio tipo Narva TGL 200-8175

Las lámparas de mercurio han sido extensamente estudiadas como fuentes espectrales de referencia [50, 51]. Los valores aceptados de longitud de onda de las líneas de emisión del mercurio, se deben fundamentalmente a las investigaciones de Sansonetti (op. cit.). Dichos valores están reportados en la base de datos atómicos [52] del Instituto Nacional de Tecnología y Patrones de Estados Unidos, instituto conocido por sus siglas en inglés de NIST. En la siguiente Tabla 2.3 se muestran los valores de longitud de onda para las líneas más intensas de emisión del mercurio, entre 435 nm y 579 nm, reportados en el NIST.

Tabla 2.3. Longitudes de onda para líneas de emisión del mercurio en el rango de 435 nm - 579 nm

Intensidad[a]	Longitud de onda (nm)	Incertidumbre (nm)
10000	435.8335	0.0001
10000	546.0750	0.0001
1200	579.0670	0.0001

[a] Intensidades relativas, con valor arbitrario de 10000 asignado a la longitud de onda de 436 nm.

Para la **tercera actividad** de calibración se asumió que cada celda fotosensible del CCD está relacionada con una longitud de onda a través del siguiente polinomio de segundo orden:

$$\lambda_n = K_0 + K_1 n + K_2 n^2 \qquad \text{(Ec. 13)}$$

En donde λ_n representa la longitud de onda correspondiente a la celda efectiva número "n". Para el detector ILX511, "n" es un número en el rango de 0 a 2047, que representa el total de

2048 celdas efectivas. El termino K_0 es el coeficiente de orden cero o intercepto del polinomio; representando la longitud de onda de la primera celda (n = 0) efectiva del detector. K_1 y K_2 son los coeficientes de primer y segundo orden, respectivamente.

En lo adelante, llamaremos **coeficientes de calibración** al conjunto K_0, K_1.y K_2. Nuestra tercera actividad consiste pues, en hallar los coeficientes de calibración que mejor ajusten un grupo de puntos de calibración al polinomio dado por la (Ec. 13).

Las mediciones que a continuación se describen, fueron realizadas a una temperatura ambiente de 25 °C y la lámpara espectral se mantuvo encendida durante 30 minutos previos a la medición, para permitir que su intensidad se estabilizara. Entre lecturas consecutivas del CCD se esperó un tiempo de 30 s.

Como se mencionó, las longitudes de onda del mercurio en el rango especificado, están dadas por la Tabla 2.3. Para encontrar las celdas del CCD correspondientes a dichas longitudes de onda, se utilizó el montaje experimental para la calibración (ver Figura 2.26) y se realizaron 20 lecturas del CCD, utilizando el programa de aplicación "Adq. Pixel vs volt" (Figura 2.24).

Con "Adq. Pixel vs volt", las 20 lecturas fueron guardadas en la unidad de disco duro de la PC y utilizando el programa de cálculo OriginPro fueron promediadas; obteniéndose el gráfico de la Figura 2.29. Este último, representa en su eje horizontal a cada celda del detector CCD y en el eje vertical la intensidad óptica relativa. La mayor desviación estándar de la intensidad media, fue de 0.03 unidades.

Utilizando el mismo procedimiento anterior, se realizó la lectura del CCD con una lámpara espectral de sodio. Obteniéndose el gráfico de la Figura 2.30. En este caso, la mayor desviación estándar de la intensidad relativa fue de 0.02. La línea espectral del sodio[14] posee una longitud de onda de 588.9950 nm, según la base de datos espectrales del NIST.

En ambos gráficos, Figura 2.29 y Figura 2.30, se numeró cada celda donde incidió un máximo de intensidad.

---

[14] En realidad el sodio emite un doblete característico sobre los 588.9950 nm y 589.5924 nm, respectivamente. Para detectarlo, se necesita una resolución espectral de al menos 0.2 nm.

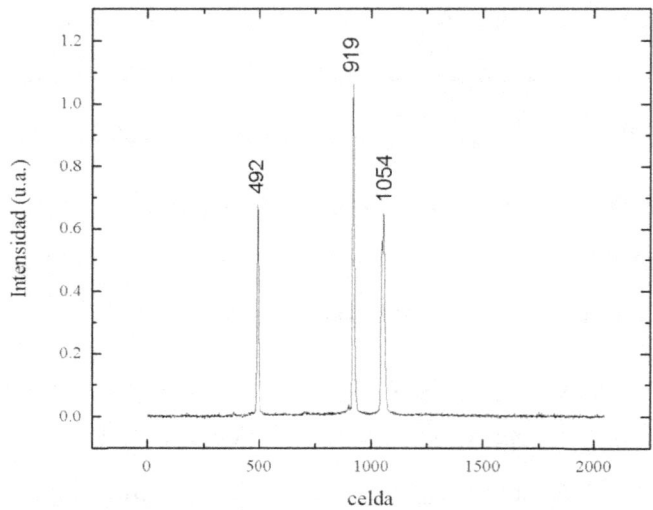

Figura 2.29. Lectura del CCD con la lámpara espectral de mercurio

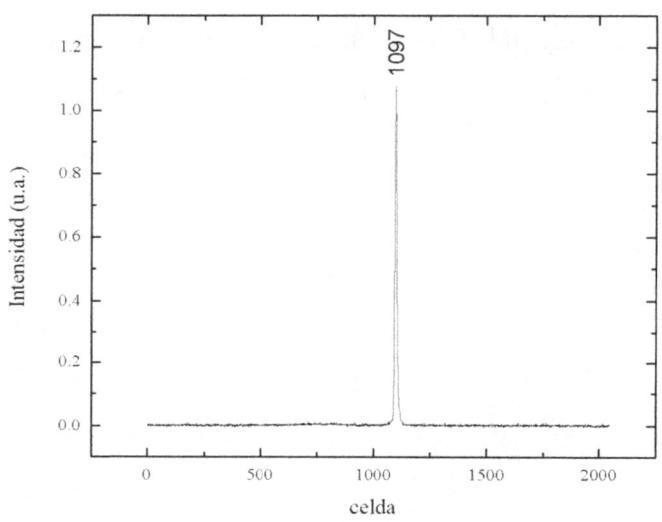

Figura 2.30. Lectura del CCD con la lámpara espectral de sodio

Ahora es posible, a partir de los gráficos anteriores (Figura 2.29 y Figura 2.30) y el conocimiento de los valores de longitud de onda para las líneas del sodio y del mercurio, realizar la correspondencia mostrada en la siguiente Tabla 2.4, correspondencia que constituyen nuestros puntos de calibración.

Tabla 2.4. Puntos de calibración: Correspondencia entre celda del arreglo CCD y línea espectral

Número de Celda	Línea espectral (según NIST)	Fuente espectral
492	435.8335 nm	Lámpara Mercurio
919	546.0750 nm	Lámpara Mercurio
1054	579.0670 nm	Lámpara Mercurio
1097	588.9950 nm	Lámpara Sodio

Utilizando el método de mínimos cuadrados del programa de cálculo OriginPro, se encuentran los coeficientes de calibración que mejor ajusten los puntos de calibración (Tabla 2.4) al polinomio de segundo orden dado por (Ec. 13). Los coeficientes de calibración encontrados se muestran en la Tabla 2.5.

Tabla 2.5. Coeficientes de calibración obtenidos por mínimos cuadrados

Coeficiente	Valor	Error estándar
K_0	296.2 nm	2.0 nm
K_1	0.3 nm	0.01 nm
K_2	-2.8E-5 nm	3.6E-6 nm

El programa OriginPro, además de los coeficientes mostrados, también reporta el **coeficiente de determinación** R, cuyo valor fue de 0.99. Un ajuste perfecto se obtiene cuando R es la unidad. No obstante de la cercanía de R a la unidad, el análisis gráfico del error residual[15] versus la variable independiente (ver Figura 2.31) muestra un incremento del error para las celdas al extremo del CCD. Esto es, un mayor error hacia valores altos de longitud de onda, correspondientes a las últimas celdas del arreglo. Esto era de esperar, debido a que no se contó con puntos de calibración hacia los extremos del arreglo CCD.

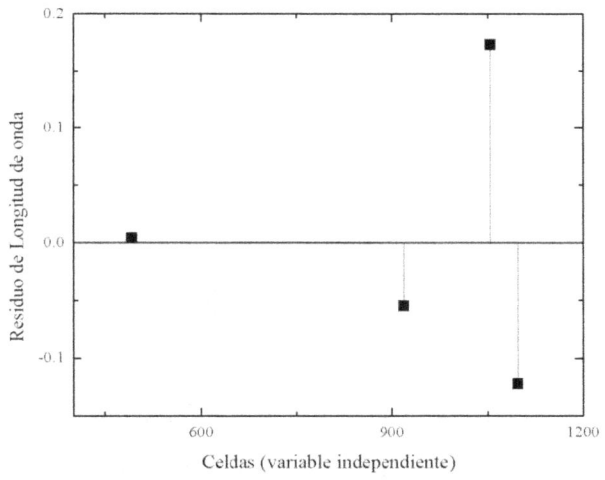

Figura 2.31. Error residual versus variable independiente

Al sustituir los coeficientes de calibración hallados (ver Tabla 2.5) en la (Ec. 13), obtenemos λ_n, expresado en nanómetros:

---

[15] Error residual = valor observado de y – valor de y dado por el modelo

$$\lambda_n = 296.2 + 0.3\, n - 0.000028\, n^2 \qquad \text{(Ec. 14)}$$

La (Ec. 14) permite, finalmente, asignar un valor de longitud de onda a cada celda del arreglo CCD. Debe mencionarse, que debido al diseño geométrico del banco óptico, la región utilizada del CCD abarca desde la celda 335 hasta la 1210, (400 nm hasta 700 nm) para un aprovechamiento de solo el 24% de la zona activa del arreglo detector CCD.

El asumir que cada celda se relaciona con una longitud de onda a través de una aproximación polinomial, se justica por el comportamiento lineal de la ley de la red de difracción para pequeños ángulos de dispersión. Los coeficientes de orden mayor que el intercepto, toman en cuenta la inexactitud de la aproximación lineal en los extremos del rango angular de dispersión. Estos coeficientes también asumen los errores de orientación del plano del detector respecto al plano donde realmente se forma el patrón de difracción. El orden a elegir para el polinomio, dependerá del comportamiento cuasi-lineal del banco óptico y del número de líneas espectrales disponibles para la calibración.

Es posible obtener una ley analítica exacta que relacione cada celda del detector con su longitud de onda. Pero para ello sería necesario conocer las dimensiones exactas del banco óptico y lograr una coincidencia perfecta del detector sobre el plano focal del banco óptico.

2.4.2. Resolución espectral o banda pasante del espectrómetro óptico

En el epígrafe 1.3.4 de la página 27 se discutió lo referente al perfil instrumental. Allí también se esbozó el procedimiento para hallar la resolución espectral según el criterio FWHM (ancho máximo a mitad del máximo de la línea obtenida).

Como fuente óptica para determinar la resolución FWHM, se utilizó una lámpara espectral de sodio. Para nuestro espectrómetro óptico, el doblete del sodio se puede asumir como una línea monocromática ideal. La Figura 2.32 muestra dicha línea espectral tal y como es detectada por el espectrómetro óptico bajo estudio.

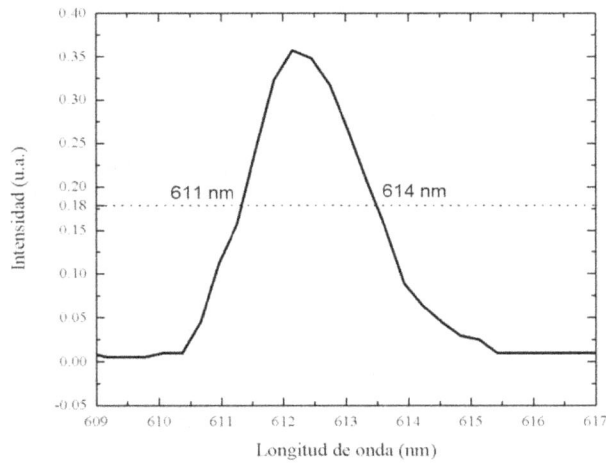

Figura 2.32. Determinación de la resolución espectral, según el criterio FWHM

Utilizando el gráfico anterior, Figura 2.32, se determina el ancho máximo a mitad del máximo del pico, obteniéndose que FWHM = 614 nm – 611 nm = 3 nm.

2.4.3. Efecto del tiempo de exposición sobre la lectura espectral

Utilizando un montaje experimental de calibración (ver Figura 2.27, página 68), pero empleando la emisión continua de una lámpara espectral de sodio, se estimuló el espectrómetro óptico para observar el efecto del tiempo de exposición sobre la lectura del detector óptico de arreglo CCD. Por tiempo de exposición entenderemos aquí el tiempo que la señal de control ROG del detector óptico permanece en estado lógico bajo, véase el epígrafe 2.2.2 de la página 47.

En la Figura 2.33 se muestran cinco mediciones espectrales, realizadas a igual intensidad óptica y a tiempos de exposición de 1 ms, 10 ms, 100 ms, 1000 ms y 3000 ms, respectivamente. Estos tiempos de exposición se establecen en el programa de aplicación para la calibración (Ver Figura 2.24, página 66). En el eje horizontal se representan las 2048 celdas activas del CCD, mientras que el eje vertical representa la intensidad óptica relativa.

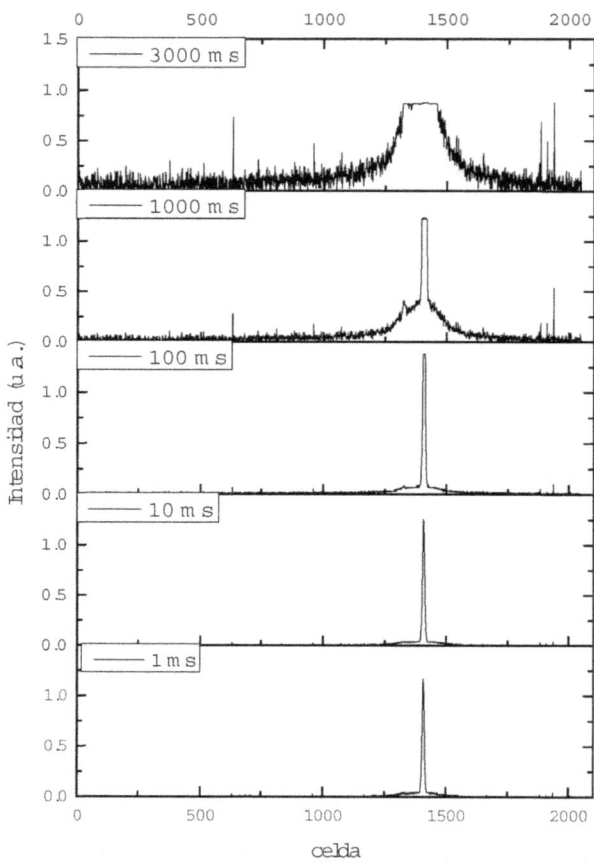

Figura 2.33. Influencia del tiempo de exposición sobre la lectura espectral

Con el aumento del tiempo de exposición ocurre la saturación de las celdas, tal y como era de esperar. Ello ocurrió, para las condiciones particulares del experimento, a partir de los 100 ms de exposición, ver Figura 2.33.

Veamos ahora, en la Figura 2.34, para una celda cualquiera, la dependencia de su intensidad relativa con el valor del tiempo de exposición establecida en el control "Exposición" del programa de aplicación; este tiempo se corresponde también, con la permanencia en bajo de la señal ROG del detector CCD. Nótese, para una exposición superior a los 700 ms, la saturación de la celda estudiada.

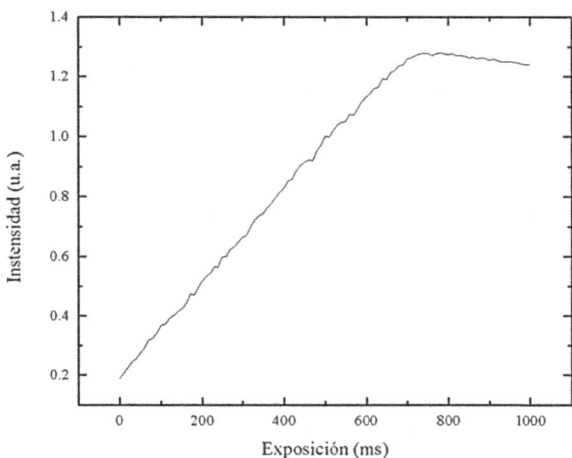

Figura 2.34. Efecto del tiempo de exposición para una celda cualquiera del detector CCD

Antes de la región de saturación, la dependencia del tiempo de exposición con la intensidad relativa guarda una relación lineal. El valor del intercepto dependerá de la intensidad de la fuente para el menor tiempo de exposición. Mientras que la pendiente de la recta que mejor modela la dependencia con el tiempo de exposición es igual a m = 0.00156.

Lo característico de la saturación en los detectores CCD, es el fenómeno denominado "desbordamiento", consistente en que el exceso de carga de una celda es transferido a las vecinas. En las mediciones espectrales, el desbordamiento da lugar a la aparición de líneas fantasmas. Por ejemplo, para el tiempo de exposición de 3 s de la Figura 2.33, la saturación de la celda 1480, provoca también la saturación de las celdas vecinas por desbordamiento y la aparición de líneas fantasmas en otras celdas más distantes; debido al arrastre de cargas en el registro analógico del CCD con la señal de reloj CLK.

Por lo tanto, la saturación de cualquier celda del detector afecta al resto del arreglo; por lo cual deben evitarse las condiciones que la propicien, como son: altos tiempos de integración, baja frecuencia de drenado o alta intensidad de la radiación a estudiar. El uso de atenuadores ópticos para disminuir la intensidad de la radiación o la variación del tiempo de exposición, son las herramientas más utilizadas para obtener una medición espectral libre de saturación.

2.4.4. Efecto de la frecuencia de drenado sobre la lectura espectral

La frecuencia de drenado tiene el mismo efecto sobre la medición que el efecto del tiempo de exposición discutido en el epígrafe anterior, debido a que durante el drenado, las celdas fotosensibles del detector óptico siguen expuestas a la radiación óptica, lo que se verá reflejado en la subsiguiente lectura del detector. Una baja frecuencia de drenado equivale a un tiempo de exposición alto.

El término "frecuencia de drenado" se refiere a la frecuencia de la señal de reloj, requerida por los detectores CCD para su lectura (ver epígrafes 1.4.1 y 2.2.2, de las páginas 28 y 47, respectivamente). La mejor relación señal/ruido para un detector CCD particular, se alcanza cuando este es drenado a su frecuencia máxima. La frecuencia máxima de drenado para el detector óptico ILX511 es de 2 MHz.

2.5. Experimentos LIBS

Utilizaremos el espectrómetro óptico desarrollado, para aplicar la técnica LIBS a tres muestras sólidas: cobre (99.8%, MERCK), magnesio (99.8%, MERCK) y plomo (99.8%, MERCK), respectivamente. La técnica espectral LIBS fue estudiada en la página 15; recomendamos su revisión. En el epígrafe citado, se muestra la instalación experimental (Fig. 4 y Fig. 5, pág. 15) que utilizaremos a continuación.

Para la realización de los experimentos LIBS, fue necesario diseñar un programa de aplicación que capturara la emisión del plasma inducido por láser. El programa se diseñó en LabVIEW, utilizando la interfaz del espectrómetro óptico (consultar el epígrafe 2.3.2, página 62). El panel de control del programa de aplicación para los experimentos LIBS, se muestra en la siguiente Figura 2.35; así como su diagrama, en la Figura 2.36.

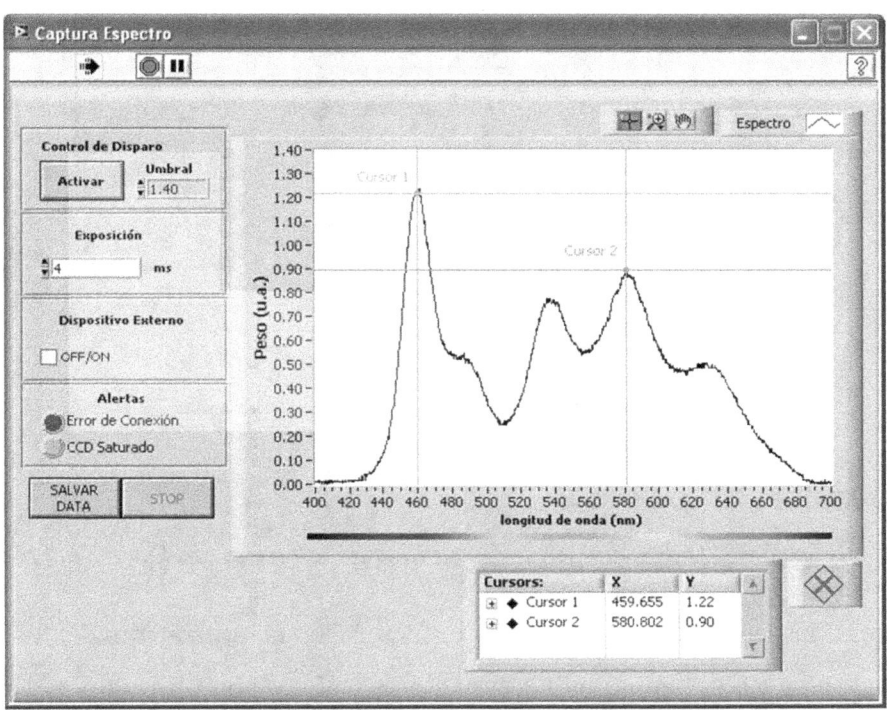

Figura 2.35. Panel de control de la aplicación para la lectura del plasma. La imagen se corresponde al espectro de emisión de un LED blanco

Dicho programa (Figura 2.35), trabaja en régimen de adquisición continua, a una frecuencia máxima de 9 espectros por segundo. El programa permite salvar los datos espectrales en un archivo de texto (presionando el control "salvar data" de la Figura 2.35), con extensión TXT. Datos que son organizados en dos columnas, longitud de onda (expresada en nanómetros) e intensidad relativa (en unidades arbitrarias), respectivamente. Dicho archivo de texto, luego es leído desde el programa de hoja de cálculo OriginPro, para generar los gráficos espectrales que posteriormente se mostrarán.

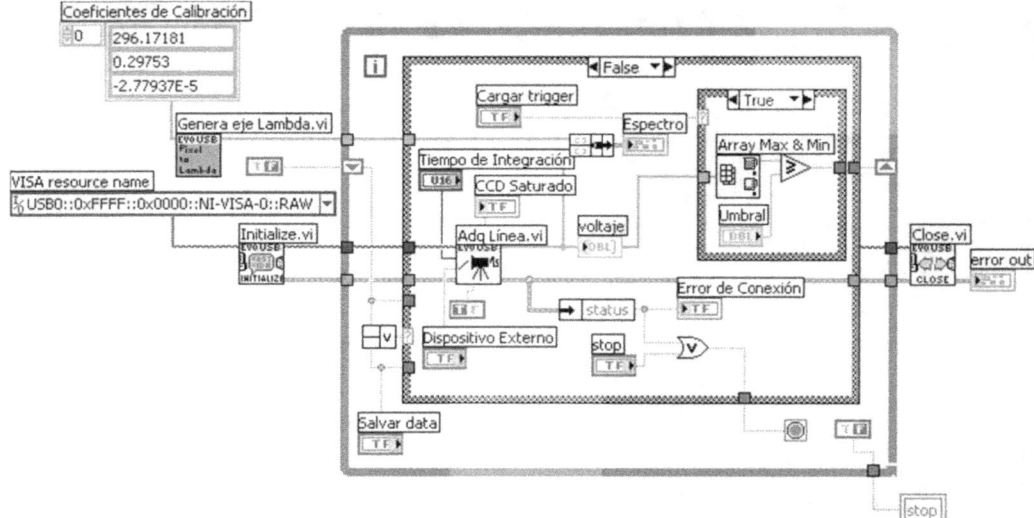

Figura 2.36. Diagrama de código de la aplicación para la lectura del plasma

Hay que resaltar, en el diagrama de la Figura 2.36, la utilización de los coeficientes de calibración hallados en el epígrafe 2.4.1, página 67. Estos son utilizados aquí para generar un arreglo de longitudes de onda que constituye el eje de abscisas del espectro. La Figura 2.37 muestra el diagrama de código del SubVI "Genera eje Lambda".

Nótese también, de la Figura 2.36, la constante con el nombre del recurso al cual se abre una sección VISA. Esta corresponde al identificador del espectrómetro óptico sobre el bus USB (USB0::0xFFFF::0x0000::NI-VISA-0::RAW); contiene el VID (0xFFFF) y el PID (0x0000) asignados al instrumento USB (ver 1.7.4, página 42).

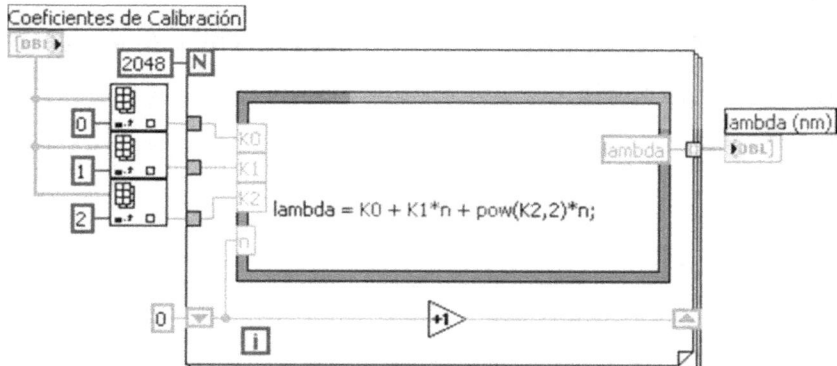

Figura 2.37. Diagrama del SubVI "Genera eje Lambda"

Para realizar el LIBS de la muestra de cobre, se ajustó la distancia entre la entrada de la fibra óptica y el punto de impacto del láser sobre la muestra; con el objetivo de regular la cantidad de luz captada y evitar la saturación del CCD. Durante el proceso de ajuste de la fibra óptica, necesariamente se deben realizar varios disparos láser. La emisión del láser es infrarroja, en 1024 nm, fuera del rango espectral del espectrómetro óptico.

El gráfico siguiente, *Figura 2.38*, corresponde a la medición LIBS del cobre (gráfico Cu). Para esta, fue necesario utilizar un atenuador óptico neutral del 25%, para disminuir la intensidad del plasma generado. De lo contrario, la emisión plasmática del cobre llegaba a saturar el detector CCD. En el mismo gráfico de la *Figura 2.38*, se incluyó la medición LIBS del cobre (gráfico Cu patrón), realizada con un espectrómetro óptico comercial, modelo USB2000 del fabricante Ocean Optics. Nótese, en la esquina superior derecha del gráfico, el detalle de las tres líneas características del cobre, entre los 500 nm - 525 nm.

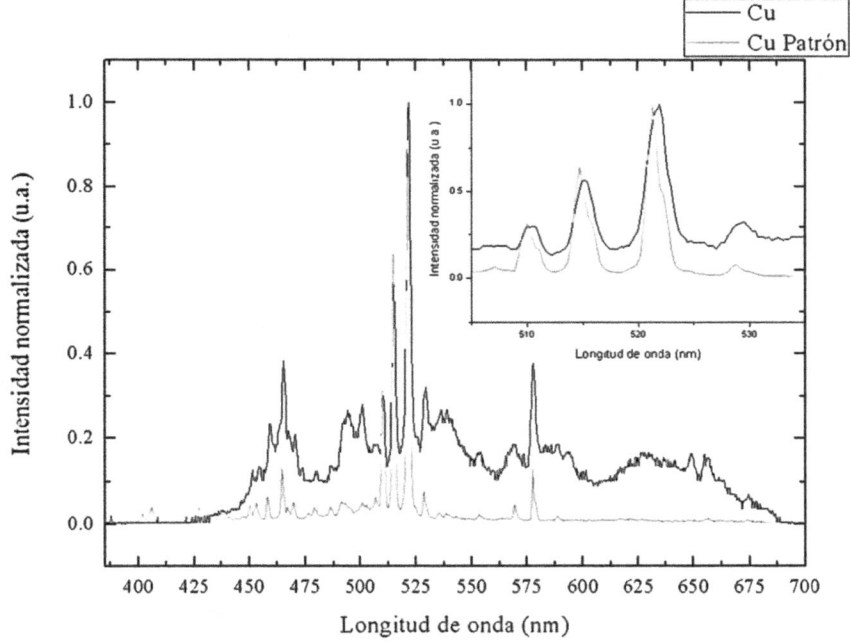

Figura 2.38. LIBS del cobre, con el espectrómetro óptico desarrollado (Cu) y con el espectrómetro comercial USB2000 (Cu patrón), respectivamente

El mismo procedimiento LIBS utilizado para la muestra de cobre, fue aplicado para la muestra de magnesio, obteniéndose la medición espectral de la siguiente *Figura 2.39* (gráfico Mg) y la comparación con el espectrómetro comercial USB2000 (gráfico Mg patrón).

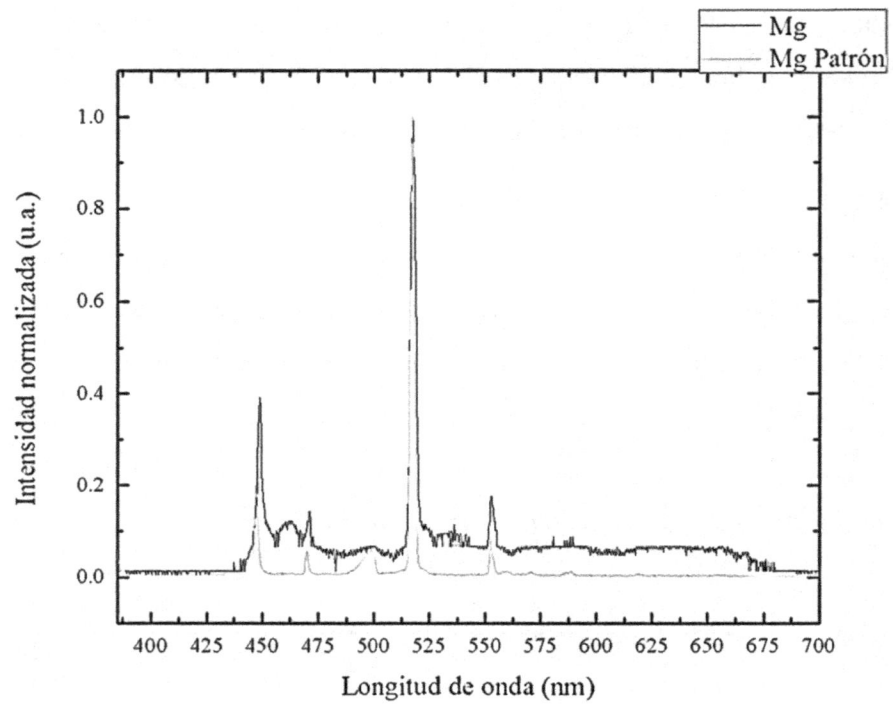

Figura 2.39. LIBS del magnesio, con el espectrómetro óptico desarrollado (Mg) y con el espectrómetro comercial USB2000 (Mg patrón), respectivamente

En la *Figura 2.40*, se muestra el LIBS del plomo, obtenido según el mismo procedimiento descrito para el cobre. También se muestra el LIBS del plomo realizado con el espectrómetro óptico desarrollado (gráfico Pb) y su comparación con el espectrómetro comercial USB2000 (gráfico Pb patrón).

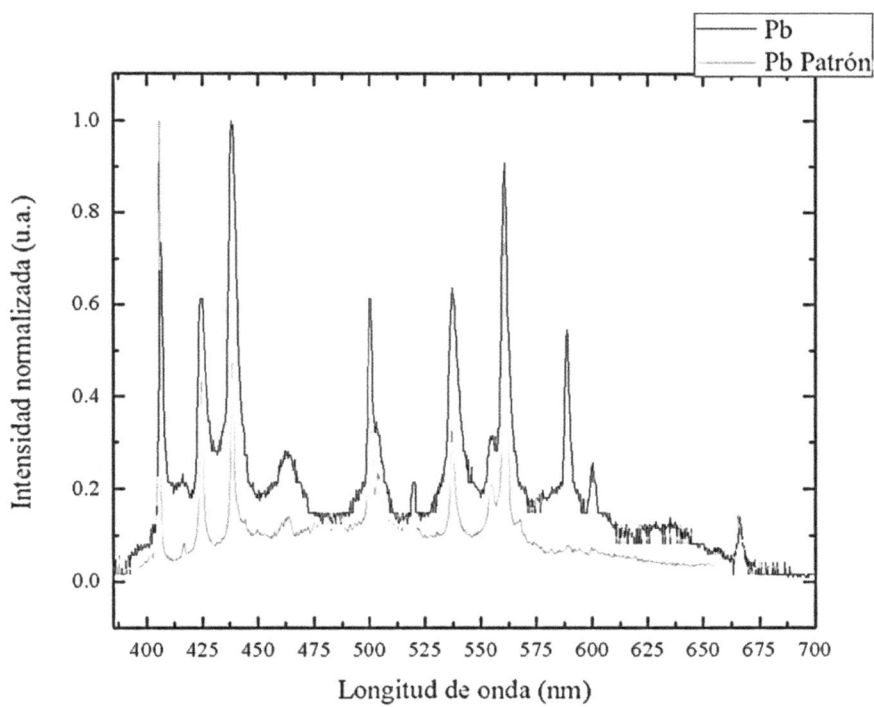

Figura 2.40. LIBS del plomo, con el espectrómetro óptico desarrollado (Pb) y con el espectrómetro comercial USB2000 (Pb patrón), respectivamente

La discrepancia observada en la altura de los espectros, entre el LIBS del espectrómetro óptico desarrollado y el comercial USB2000, se debe a la diferencia en la frecuencia de drenado de ambos espectrómetros. El USB2000, realiza el drenado del detector CCD ILX511[16] a 2 MHz; mientras que el espectrómetro desarrollado lo realiza a razón de 100 KHz. La menor frecuencia de drenado, actúa como un mayor tiempo de exposición del detector CCD, tal y como se explicó en el epígrafe 2.4.4 de la página 75, por lo que los espectros LIBS adquiridos con el espectrómetro desarrollado aparecen "intensificado" por sobrexposición.

En todos los espectros LIBS realizados, se encontraron las líneas características del material en cuestión, las que permiten su identificación. La comparación con el espectrómetro óptico comercial USB2000 corroboró la detección de dichas líneas espectrales. La recomendación número 3, dada en las conclusiones de este trabajo, va dirigida en este sentido.

---

[16] El espectrómetro óptico comercial USB2000 emplea el mismo detector CCD que fue utilizado en este trabajo.

CONCLUSIONES Y RECOMENDACIONES

Conclusiones

1. Se desarrolló un espectrómetro óptico por USB para el estudio del plasma inducido por láser, pequeño (10 cm x 13 cm), sin partes móviles, con rango de trabajo en el visible (400 nm - 700 nm) y una resolución espectral FWHM de 4 nm. Ello con el uso de un sensor de imagen acoplado por carga CCD, tipo ILX511 de la casa Sony, un microcontrolador PIC18F4550 de Microchip con módulo USB.

2. Fue desarrollado un controlador USB en LabVIEW para el espectrómetro óptico así como dos programas de aplicación, también en LabVIEW, para la calibración y para el control y adquisición de espectros, respectivamente.

3. Fue realizada la calibración del espectrómetro óptico en longitudes de onda, con lámparas espectrales y un ajuste polinomial de segundo orden, para asignar una longitud de onda a cada celda del arreglo detector CCD del ILX511.

4. Finalmente, fue utilizado el espectrómetro en una instalación LIBS para adquirir los espectros de emisión del cobre, magnesio y plomo. Corroborándose que las líneas de emisión detectadas, coinciden con las mismas reportadas en la base de datos espectrales del NIST para los elementos estudiados.

Recomendaciones

1. Se recomienda utilizar un dispositivo FPGA en lugar del microcontrolador PIC, para alcanzar mayores frecuencias de drenaje del CCD, así como eliminar la memoria RAM externa, sintetizándola con el propio FPGA.

2. Se recomienda eliminar la dependencia total del espectrómetro óptico con la PC, sino que el instrumento almacene los espectros en una memoria SD y luego el usuario los descargue hacia la PC vía el bus USB o con lector de memorias SD.

BIBLIOGRAFÍA

[1] Giakoumaki, Melessanaki, and Anglos, "Laser-induced breakdown spectroscopy (LIBS) in archaeological science—applications and prospects," *Anal Bioanal Chem,* vol. 387, p. 12, 2007.

[2] H. J. Ha and J. E. I., "Laser-Induced Plasma Emission Spectrometric Study of Pigments and Binders in Paper Coatings: Matrix Effects," *Analytical Chemistry,* vol. 70, p. 6, 1998.

[3] M. Lawson, "Compensating for Irradiance Fluxes When Measuring the Spectral Reflectance of Corals In Situ," *Merlin Lawson,* vol. 43, p. 17, 2006.

[4] M. E. Sigman, C. Bridge, K. Vomvoris, and J. M. MacInnis, "LIBS: A New Tool for Forensic Analyses," *OSA/LACSEA,* p. 3, 2006.

[5] C. W. Ng and N. H. Cheung, "Detection of Sodium and Potassium in Single Human Red Blood Cells by 193-nm Laser Ablative Sampling: A Feasibility Demonstration," *Analytical Chemistry,* vol. 72, p. 4, 2000.

[6] K. Y. Kavanagh, E. J. Murphy, M. Harmey, M. A. Farrell, O. Hardimann, R. Perryman, and J. E. Walsh, "Microspectrophotometric analysis of respiratory pigments using a novel fibre optic dip probe in microsamples," *Physiol. Meas.,* vol. 20, p. 13, 1999.

[7] M. Adam, M. Chew, S. Wasseram, A. McCollum, R. E. McDonald, and M. M. Mossoba, "Determination of trans Fatty Acids in Hydrogenated Vegetable Oils by Attenuated Total Reflection Infrared Spectroscopy : Two Limited Collaborative studies," *Oil Chem. Soc.,* vol. 75, p. 3, 1998.

[8] L. Canevea, F. Colaoa, F. Fabbria, R. Fantonia, V. Spizzichinoa, and J. Striber, "Laser-induced breakdown spectroscopy analysis of asbestos," *Spectrochimica Acta,* vol. 60, p. 6, 2005.

[9] X. Fang and S. R. Ahmad, "An optical technique for in situ monitoring of trace metals in effluent," *Environmental Technology,* vol. 26, p. 5, 2005.

[10] V. Acha, H. Naveau, and M. Meurens, "Extractive sampling methods to improve the sensitivity of FTIR spectroscopy in analysis of aqueous liquids," *Analusus,* vol. 26, p. 6, 1998.

[11] D. J. O. Orzi and G. M. Bilmes, "Identification and Measurement of Dirt Composition of Manufactured Steel Plates Using Laser-Induced Breakdown Spectroscopy," *APPLIED SPECTROSCOPY,* vol. 58, p. 6, 2004.

[12] V. Baeten and P. Dardenne, "Spectroscopy: Developments in Instrumentation and Analysis," *Grasas y Aceites,* vol. 53, p. 19, 2002.

[13] E. Whittaker, *A History of the Theories of Aether and Electricity* vol. I. Edinburgh: Thomas Nelson and Sons LTD, 1951.

[14] A. R. P. Rau, "Astronomy-Inspired Atomic and Molecular Physics," in *Astronomy-Inspired Atomic and Molecular Physics*. vol. 271, ed New York, U.S.A: Kluwer Academic Publishers, 2003, p. 252.

[15] P. Cheben, A. Delâge, A. Densmore, S. Janz, B. Lamontagne, J. Lapointe, E. Post, J. Schmid, P. Waldron, and D.-X. Xu, "Recent advances in silicon microphotonic devices," *Revista cubana de física,* vol. 25, pp. 75-80, 2008.

[16] G. Overton. (2009, Spectrometry: CCD spectrometer folds spectral images from 200 to 1000 nm. *Laser Focus World 46(6)*. Available: http://www.laserfocusworld.com/display_article/248138/12/none/none/News/SPECTROMETRY:CCD-spectrometer-folds-spectral-images-from-200-to-1000-n

[17] O. Manzardo, B. Guldimann, C. R. Marxer, N. F. d. Rooij, and H. P. Herzig, "Optics and actuators for miniaturized spectrometers," 2000.

[18] J. Macho, "Miniaturization pushes spectrometers forward," *Technology tutorial,* p. 3, 2008.

[19] H. Baranska, *An introduction to Raman scattering*: Ellis Horwood, 1987.

[20] M. H. Benjamin A. DeGraff, Julie M. Jones, Carl Salter, Stephanie A.Schaertel, "An Inexpensive Laser Raman Spectrometer Based on CCD Detection," *Chem. Educator,* vol. 7, p. 4, 2002.

[21] Fang-YuYueh, J. P. Singh, and H. Zhang, "Laser-induced Breakdown Spectroscopy, elemental Analysis," in *Encyclopedia of Analytical Chemistry*, R. A. Meyers, Ed., ed Chichester: John Wiley & Sons, 2000, pp. 2066-2087.

[22] L. M. Osorio, "Prototipo de equipo de espectroscopia de plasma inducido por láser (LIBS) con excitación multipulso. Caracterización y aplicaciones," Master Desarrollo, Laboratorio de Tecnología láser, Universidad de La Habana, Habana, 2010.

[23] O. Optics, "Spectra Suite Spectrometer Operating Software: Installation and Operation Manual," ed, 2006.

[24] L. Ponce, M. Arronte, J. L. Cabrera, and T. Flores, "Laser Skin Perforator With Focal Point Detection," *The International Society for Optical Engineering,* vol. 6046, 2006.

[25] C.-H. Ko and B.-Y. Shew. (2007, An optical chip that spatially separates wavelengths. *Optical Design & Engineering*. Available: http://spie.org/x14688.xml?highlight=x2422&ArticleID=x14688

[26] A. Olivares-Pérez, L. R. Berriel-Valdos, J. L. Juárez-Pérez, and F. M. Santoyo, "Dynamic holographic gratings with photoresist," *Appl. Opt.,* vol. 34, pp. 5577-5581, 1995.

[27] J. M. Lerner and A. Thevenon, "The optics of spectroscopy," Jobin Yvon, Tutorial 1988.

[28] M. F. Tompsett, "Charge transfer imaging devices," U.S.A. Patent 4085456, 1978.

[29] A. Maureen. (1999). *Measurement, Instrumentation, and Sensors Handbook CRCnetBase 1999*.

[30] Compaq, Intel, Microsoft, and NEC, "Universal Serial Bus Specification Revision 1.1," ed, 1998, p. 327.

[31] Compaq, Hewlett-Packard, Intel, Lucent, Microsoft, NEC, and Philips, "Universal Serial Bus Specification Revision 2.0," 2.0 ed, 2000, p. 650.

[32] D. Ibrahim, *Advanced PIC Microcontroller Projects in C*. Oxford: Elsevier, 2008.

[33] E. V. Zaldivar and V. E. Fernández, "Title," unpublished|.

[34] R. H. Bishop, *Learning with LabVIEW*. Austin: Addison-Wesley, 2004.

[35] Microchip, *PIC18F2455/2550/4455/4550 Data Sheet*. Arizona, USA: Microchip, 2004.

[36] National-Instruments. (2006, 2007). USB Instrument Control Tutorial. [Tutorial]. Available: http://zone.ni.com/devzone/cda/tut/p/id/4478

[37] THORLABS, "Anhydroguide G Low OH Vis-IR Fiber," THORLABS2009.

[38] J. Eichenholz. (2009) Managing Trade-offs to Optimize Spectrometry. *OPN*. 4. Available: www.osa-opn.org

[39] JETI. (2005). *Basics of Spectral Measurement*. Available: www.jeti.com/

[40] J. McKinney and A. Weiner, "Engineering of the passband function of a generalized spectrometer," *Opt. Express,* vol. 12, pp. 5022-5036, 2004.

[41] H. Chaoray, M. Omid, K. Arash, A. Ali, E. S. Michael, and J. B. David, "Implementation of efficient Fourier-transform holographic spectrometer," in *Frontiers in Optics*, 2004, p. FThP1.

[42] D. R. Lobb, "Theory of concentric designs for grating spectrometers," *Appl. Opt.,* vol. 33, pp. 2648-2658, 1994.

[43] J. Meaburn, "Spectrometers working on the same extensive continuum source: an estimation of the relative performances of eight instruments," *Appl. Opt.,* vol. 14, pp. 2521-2526, 1975.

[44] F. Kneubühl, "Diffraction Grating Spectroscopy," *Appl. Opt.,* vol. 8, pp. 505-519, 1969.

[45] A. B. Shafer, L. R. Megill, and L. Droppleman, "Optimization of the Czerny-Turner Spectrometer," *J. Opt. Soc. Am.,* vol. 54, pp. 879-886, 1964.

[46] SONY. (2000, ILX511 2048-pixel CCD Linear Image Sensor (B/W). Available: www.sony.com

[47] T. Instruments, "SMJ416160, SMJ418160 1048576 BY 16-BIT Dynamic Random-Access Memories," p. 24, 1997.

[48] Motorola, "6-Pin DIP Optoisolators Transistor output," 1995.

[49] Microchip, "Section 30. In-Circuit Serial Programming (ICSP)," in *PICmicro 18C MCU Family Reference Manual*, Microchip, Ed., ed Arizona: Microchip, 2000, p. 976.

[50] C. J. Sansonetti, M. L. Salit, and J. Reader, "Wavelengths of spectral lines in mercury pencil lamps," *Appl. Opt.,* vol. 35, pp. 74-77, 1996.

[51] J. Reader, C. J. Sansonetti, and J. M. Bridges, "Irradiances of spectral lines in mercury pencil lamps," *Appl. Opt.,* vol. 35, pp. 78-83, 1996.

[52] J. E. Sansonetti and W. C. Martin, "Handbook of Basic Atomic Spectroscopic Data," ed: NIST, 2009.

ANEXOS

A. Esquema electrónico del espectrómetro óptico

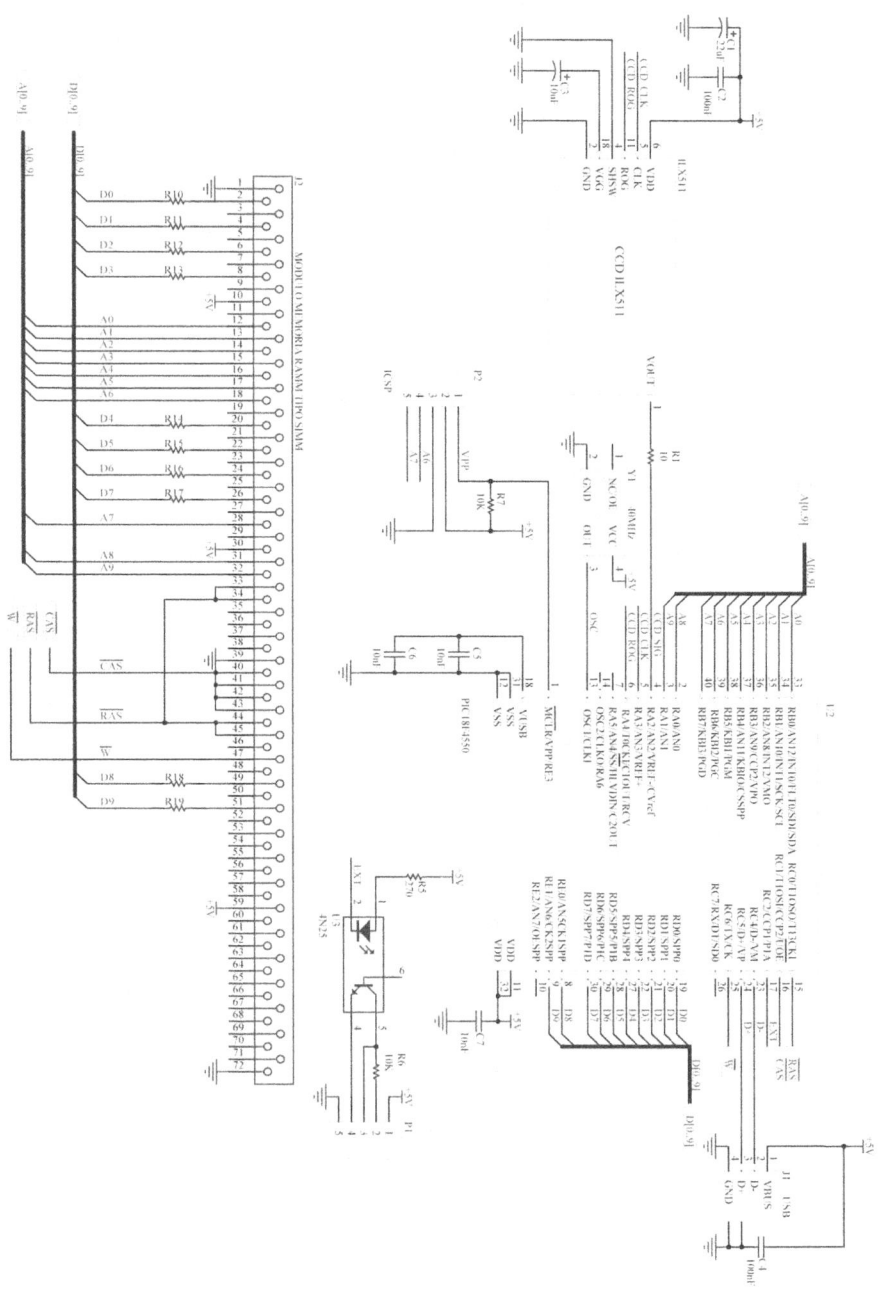

B. Código principal para el microcontrolador PIC18F4550

```
1  /*
2  Implementacion de un espectrómetro óptico con adquisición USB.
3  Autor: Yohan Pérez Moret
4  Fecha: 14 de Noviembre, 2009.
5  */
6  #include <PIC18F4550.h>
7  #include "USB_Spectrometer.h"   //Include con algunas definiciones
8  #include <my_pic18_usb.h>        //Include para USB, viene con el compilador.
9  #include <NI_usb_desc_hid.h>     //Descriptor con PID y VID = driver de LabVIEW
10 #include <my_usb.c>              //Include para USB, viene con compilador
11 #include <simm2MB.c>
12 int1 cmd_ccd = FALSE;
13 int8 out_data[102];              //Buffer para datos que serán enviados y
14 int16 ad_buffer[51];             //Arreglo para lecturas AD,
15 #byte ad_buffer = out_data       //Variables de distinto tipo, pero comparten la
16                                  //misma zona de memoria.
17 int8 in_data[20];                //Buffer de entrada de datos por USB.
18
19 int16 t_exp;                     //Tiempo de exposicion del CCD, menos el tiempo de drenaje.
20
21 #int_usb    //Rutina de servicio de atención a USB.
22 void usb_isr()
23 {
24    if (usb_state==USB_STATE_DETACHED) return;
25    if (UIR){
26       debug_usb(debug_putc,"\r\n\n[%X] ",UIR);
27       if (UIR_ACTV && UIE_ACTV) {usb_isr_activity();}
28       if (UCON_SUSPND) return;
29       if (UIR_UERR && UIE_UERR) {usb_isr_uerr();}
30       if (UIR_URST && UIE_URST) {usb_isr_rst();}
31       if (UIR_IDLE && UIE_IDLE) {usb_isr_uidle();}
32       if (UIR_SOF && UIE_SOF) {usb_isr_sof();}
33       if (UIR_STALL && UIE_STALL) {usb_isr_stall();}
34       if (UIR_TRN && UIE_TRN) {
35          usb_isr_tok_dne();
36          UIR_TRN=0;
37       }
38    //A continuación Código ISR de usuario
39
40    if (usb_kbhit(1)) {            //Pregunto por datos en el buffer USB del dispositivo.
41       usb_get_packet(1, in_data, 20); //Lee 20 bytes USB los guarda en in_data.
42
43       switch (in_data[0]){       //El primer caracter identifica el comando.
44          case 'S':               //Controla estado del pin de salida para sincronismo externo.
45             output_bit(SHOT, in_data[1]);
46             break;
47
48          case 'R':   //Lee CCD y lo manda a PC.
49             t_exp = make16(in_data[1], in_data[2]);  //Configura texposición (ms).
50             cmd_ccd = TRUE;      //Habilita bandera para leer CCD.
51             output_bit(SHOT, in_data[3]); //Fija estado de control externo.
52             break;
53
54          default:
55             break;
56       }
57    }
58    }
59 }
60
61 //Procedimiento drenador de pixeles del CCD. Realiza una demora durante la cual
62 //los pixeles quedan expuestos a la luz, luego genera CLK para drenarlos.
63 //Durante cada ciclo de CLK se van convirtiendo AD y almancenando en RAM
64 //Los pixeles.
65 void drenar_ccd()
66 {
67    int8 i;                       //Contador de Filas.
68    int8 j;                       //Contador de Columnas.
69    int16 ad;                     //Para lectura AD.
70
```

```c
71      output_high(CCD_CLK);
72      delay_cycles(1);
73      output_low(CCD_ROG);        //Inico transferencia.
74      delay_cycles(30);           //Exposicion, min=3us por datasheet ILX511.
75      delay_ms(t_exp);            //Exposicion, min=3us por datasheet ILX511.
76      output_high(CCD_ROG);       //Inicio drenaje.
77      delay_us(2);                //Por Datasheet del ILX511 (pág. 6, ROG y CLK timing).
78      output_low(CCD_CLK);
79
80      for (i=0;i<42;++i){
81         for (j=0; j<50; ++j){
82            output_high(CCD_CLK);    //Se salta al siguiente pixel.
83            ad = read_adc();
84            output_low(CCD_CLK);
85            Write(i,j,ad);           //Guardo en RAM SIMM la lectura AD. (demora aprox. 2us)
86         }
87      }
88   }
89
90   //Procedimiento que lee la RAM externa y envia sus valores a PC via USB.
91   //Las zonas a leer en el módulo SIMM, son las mismas donde se almacenan las
92   //lecturas de celdas del CCD.
93   void enviar_ccd(){
94      int8 i;                     //Contador de Filas.
95      int8 j;                     //Contador de Columnas.
96
97      for (i=0;i<42;++i){
98         for (j=0; j<50; ++j){
99            ad_buffer[j] = (Read(i,j) & 0x3FF);
100        }
101        out_data[100] = i;       //Envio USB, función del compilador.
102        while(!(usb_put_packet(1,out_data,101,USB_DTS_TOGGLE))){
103           delay_cycles(10);
104        }
105     }
106  }
107
108  void main()
109  {
110     set_tris_a(0b11100100);     //Establezco sentido de puerto A (es fijo)
111     set_tris_b(0b00000000);     //Establezco sentido de puerto B (es fijo)
112     output_low(PIN_A0);
113     output_low(PIN_A1);
114     output_low(SHOT);
115     setup_adc_ports(AN0_TO_AN4|VSS_VDD);
116     setup_adc(ADC_CLOCK_DIV_32); //Ciclos de reloj para garantizar Tad.
117                                 //Para una correcta conversión A/D, el periodo de reloj de A/D
118                                 //(TAD) debe ser el menor posible, pero mayor que el
119                                 //TAD mínimo (ver parámetro 130 en Tabla 28-29 (pág. 394)
120                                 //de Datasheet del PIC18F4550. El TAD = 0.7us (por datasheet).
121                                 //0.7us <= que 32Tosc (con Tosc=0.025us @ 40MHz).
122     set_adc_channel(2);         //Selecciona canal AD para lectura del CCD.
123     usb_init();                 //Inicializa módulo USB.
124     setup_psp(PSP_DISABLED);
125     setup_spi(FALSE);
126     setup_wdt(WDT_OFF);
127     setup_timer_0(RTCC_INTERNAL);
128     setup_timer_1(T1_DISABLED);
129     setup_timer_2(T2_DISABLED,0,1);
130     setup_timer_3(T3_DISABLED|T3_DIV_BY_1);
131     setup_comparator(NC_NC_NC_NC);
132     setup_vref(FALSE);
133     setup_oscillator(False);
134     Memory_Init( );             //Inicializa memoria RAM
135     enable_interrupts(INT_USB);
136     enable_interrupts(GLOBAL);
137
138     while(TRUE){
139        if(cmd_ccd){             //Espera comando USB para efectuar lectura CCD.
140           drenar_ccd();         //Lectura AD y almacenamiento en RAM de cada píxel.
141           enviar_ccd();         //lectura y envio a PC, via USB, de RAM.
142           cmd_ccd = FALSE;      //Limpia bandera (se activa por comando USB).
143        }
144     }
145  }
146
147
```

C. Diagramas de la interfaz en LabVIEW para el Espectrómetro

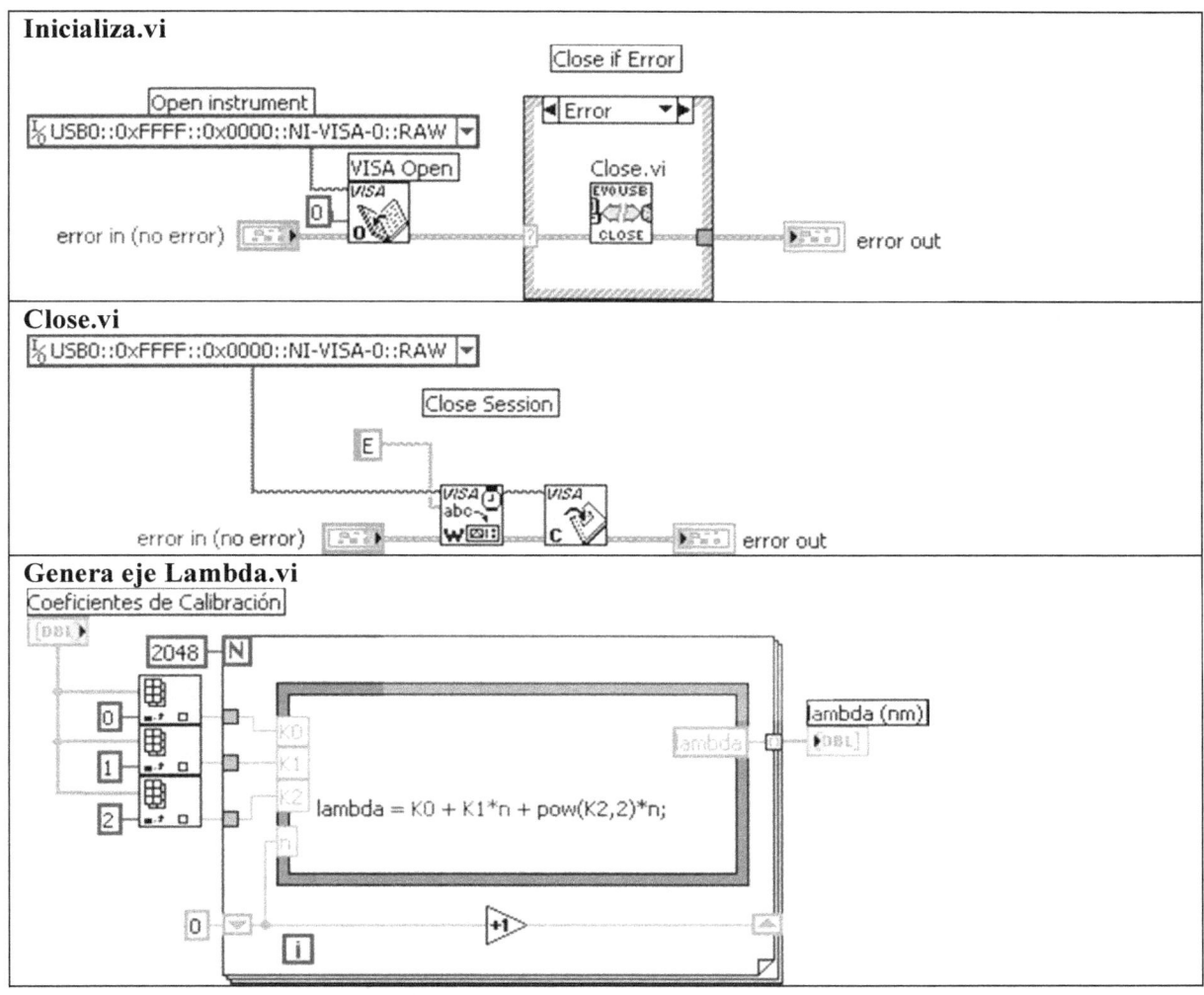

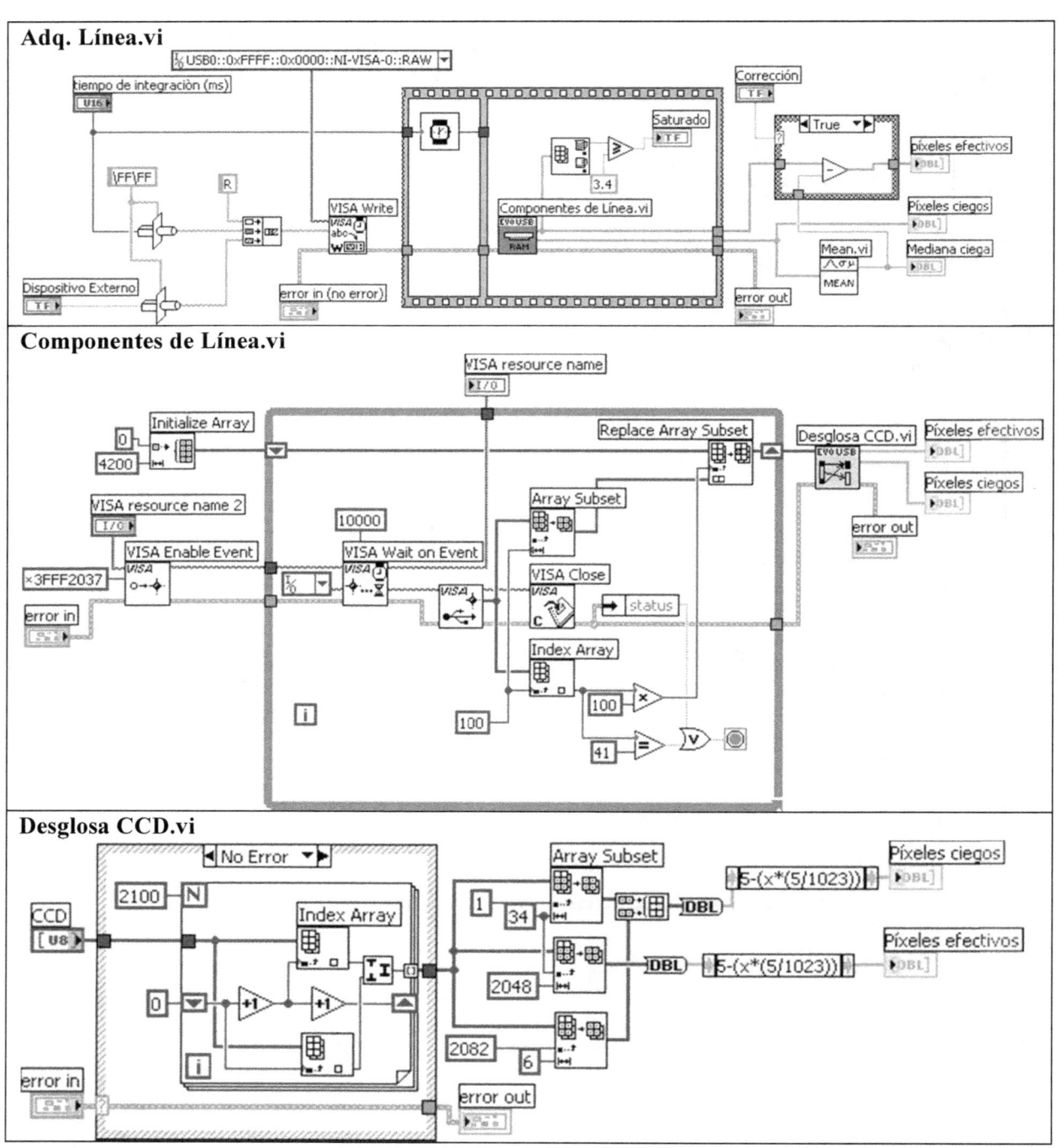

D. Aval del Centro de Conservación, Restauración y Museología

13 de julio de 2009
Año 50 Aniversario del Triunfo de la Revolución.

Aval

Atte: Jurado Forum Municipal de Ciencia y Técnica, Comisión de Industrias.

Mediante la presente queremos avalar los resultados obtenidos en la caracterización de obras de arte usando el **"Espectrómeto Óptico, desarollado para la aplicación al estudio del plasma inducido por láser"** desarrollado por un grupo de investigadores del laboratorio de tecnología láser del IMRE, Universidad de la Habana, encabezados por el Lic. Yohan Pérez Moret.

Mediante el uso de dicho espectrómetro, y con la participación de especialistas de nuestro centro, se logró determinar la composición de una jarra fabricada en Japón a principios de siglo XX. Datos como la fecha aproximada de fabricación, los elementos que conforman la aleación metálica y la forma de fabricación fueron obtenidos partiendo de los resultados experimentales de la técnica LIBS.

También se analizaron diferentes piezas de cubertería de plata, de alpaca y de alpaca recubierta de plata, haciéndose muy fácil y precisa la identificación, contando además la ventaja de que mediante la aplicación de esta técnica la agresión a la pieza bajo investigación es mínima, los resultados son inmediatos y no se requiere una preparación previa de la pieza.

Este espectrómetro, asociado con la técnica LIBS, permite además hacer un análisis en profundidad en un área muy pequeña del objeto para identificar la naturaleza de los diferentes recubrimientos que la conforman, sin necesidad e extraer una muestra del objeto.

Todo lo antes expresado parte de los criterios de nuestros especialistas en la materia y tiene gran importancia para la conservación y restauración de bienes muebles. Otro elemento a considerar es que mediante el uso de este espectrómetro, asociado con la técnica LIBS, pueden hacerse en el país los análisis pertinentes, con un costo moderado y con la garantía de que los resultados estén disponibles de inmediato.

Para que así conste firma la presente:

Lic. Javier León Valdés.
Subdirección de Bienes Muebles
CENCREM.